极地工程与装备技术研究系列丛书

黑龙江省优秀学术著作出版资助项目

JINCHANG DONGLIXUE FANGFA
ZAI BING JIANG OUHE TEXING YANJIU ZHONG DE YINGYONG

# 近场动力学方法
# 在冰桨耦合特性研究中的应用

王　超　叶礼裕　著　　郭春雨　主审

哈尔滨工程大学出版社
Harbin Engineering University Press

## 内容简介

本书针对海冰与冰区航行船舶螺旋桨耦合作用特性问题,详细介绍了近场动力学方法在冰桨耦合研究中的应用。

全书共分10章,包括绪论、冰载荷计算中的近场动力学理论、冰桨接触时的近场动力学模型、冰桨铣削时冰载荷预报与分析、冰桨碰撞时冰载荷预报与分析、冰桨接触时螺旋桨桨叶结构响应数学模型、冰桨铣削时桨叶结构动力响应预报与分析、冰桨碰撞时桨叶结构动力响应预报及分析、冰区桨静强度预报方法研究、对冰桨接触问题研究的展望等内容。

本书可作为从事近场动力学船舶专业应用、冰区船舶推进器性能预报和设计等方面研究的高年级本科生、研究生及教师、科研工作者的参考用书。

**图书在版编目(CIP)数据**

近场动力学方法在冰桨耦合特性研究中的应用/王
超,叶礼裕著. —哈尔滨:哈尔滨工程大学出版社,
2019.5
　　ISBN 978 - 7 - 5661 - 2253 - 7

　　Ⅰ.①近… 　Ⅱ.①王… ②叶… 　Ⅲ.①冰区航行 - 船
用螺旋桨 - 耦合作用 - 动力学分析 - 研究 　Ⅳ.①U664.33

　　中国版本图书馆 CIP 数据核字(2019)第 080989 号

选题策划　唐欢欢　雷　霞
责任编辑　丁月华　宗盼盼
封面设计　博鑫设计

出版发行　哈尔滨工程大学出版社
社　　址　哈尔滨市南岗区南通大街 145 号
邮政编码　150001
发行电话　0451 - 82519328
传　　真　0451 - 82519699
经　　销　新华书店
印　　刷　哈尔滨市石桥印务有限公司
开　　本　787 mm × 1 092 mm　1/16
印　　张　12
字　　数　307 千字
版　　次　2019 年 5 月第 1 版
印　　次　2019 年 5 月第 1 次印刷
定　　价　88.00 元
http://www.hrbeupress.com
E-mail:heupress@ hrbeu.edu.cn

# 前　　言

为争取在南北极事务决策、极地资源勘探开发、北极航线开辟及科考等方面有更多的运作空间,我国已从全球创新和全球经济一体化的视角出发,将极地工程装备产业视为全球战略新兴产业的重要组成部分,以加速极地工程装备技术发展为切入点,系统推进在极地事务中的国际影响力。开展极地研究和开发,必须装备先行。因此,对极地船舶共性关键技术研究十分必要而迫切,尤其是作为船舶动力核心部分的推进装置的研究和开发。在有冰海域航行时,海冰将随着船体运动靠近螺旋桨,并与螺旋桨发生阻塞、碰撞、铣削、排挤等相互作用。特别是在冰桨铣削和碰撞等接触工况下,非常容易导致螺旋桨承受极端冰载荷作用,引起桨叶的大变形和损坏,加上冰载荷具有剧烈脉动的特性,将通过轴系传递到船体,引进船体结构的局部损坏。因此,开展冰桨接触动态特性及螺旋桨强度预报方法研究可为冰区航行船舶推进器的设计和研发提供坚实的理论支撑。

由于冰桨接触作用形式的特殊性且海冰的破坏具有大变形和断裂的特点,很难找到一种数值方法合理用于冰桨接触问题的模拟。而近场动力学方法是一种新兴的固体力学理论,可很好地用于解决传统断裂力学理论中的难题。

本书是哈尔滨工程大学舰船总体性能跨尺度测试分析团队多年来针对近场动力学方法在冰桨接触数值模拟研究成果的总结。全书共分为 10 章:第 1 章为绪论,主要内容包括研究背景、极地海冰研究状况、极地船舶推进器、冰桨耦合特性研究现状;第 2 章为冰载荷计算中的近场动力学理论,主要内容包括近场动力学的原理和分类、键型近场动力学的基本理论、状态型近场动力学的基本理论、近场动力学的数值求解方法、简单冰冲击模型的数值模拟分析;第 3 章为冰桨接触时的近场动力学模型,主要内容包括冰桨接触的计算模型、计算方法和计算过程;第 4 章为冰桨铣削时冰载荷预报与分析,主要内容包括冰桨铣削过程的特点分析、冰桨铣削计算模型的建立、网格无关性和收敛性分析、计算方法的验证、冰桨铣削动态特性分析、冰桨铣削时的遮蔽效应分析;第 5 章为冰桨碰撞时冰载荷预报与分析,主要内容包括冰桨碰撞特点分析、冰桨碰撞计算模型的建立、冰桨碰撞动态特性分析、螺旋桨与多冰块相互作用分析、特殊工况下的冰桨碰撞动态特性研究;第 6 章为冰桨接触时螺旋桨桨叶结构响应数学模型,主要内容包括螺旋桨有限元网格自动剖分方法、螺旋桨有限元结构动力学方程、有限元结构动力学方程的求解方法、冰桨耦合动力学计算方法;第 7 章为冰桨铣削时桨叶结构动力响应预报及分析,主要内容包括数值模型及参数设置、冰桨铣削过程桨叶结构动力响应数值预报、不同铣削深度下桨叶结构动力响应分析;第 8 章为冰桨碰撞时桨叶结构动力响应预报及分析,主要内容包括导边、随边、叶梢与冰块碰撞时桨叶结构动力响应数值预报;第 9 章为冰区桨静强度预报方法研究,主要内容包括 IACS URI3 中冰级桨强度校核规范、有限元法计算螺旋桨的静强度理论、冰载工况下的螺旋桨强度校核、集中冰载荷下的桨叶边缘强度校核;第 10 章为展望,对冰桨接触研究前景进行了展望。

本书可为已有数值模拟和工程技术基础的研究人员提供解决冰桨接触耦合问题的数

值方法方面的参考。另外需要指出的是，由于冰桨接触问题的复杂性，本书仅给出了解决这些问题的研究思路和基于键型近场动力学理论的初步预报结果，具体数值计算方法尚有待完善，一些关键技术有待进一步解决。

本书主要内容由王超、叶礼裕著，全书由王超统稿，郭春雨教授主审。感谢大连理工大学韩非教授针对近场动力学理论部分提出的宝贵意见；感谢江苏科技大学周利教授对书稿章节安排以及具体内容细节上给出的修改建议；感谢舰船总体性能跨尺度测试分析技术团队冰区小组成员汪春辉、骆婉珍、熊伟鹏、曹成杰、韩康、胡笑寒、徐佩、杨波、刘正等在书稿资料梳理、排版、核对等工作中的付出。

本书的出版得益于国家自然科学基金项目(51679052，51809055)、国防基础科研计划项目(JCKY2016604B001)、黑龙江省自然科学基金项目(E2018026)和工信部高技术船舶项目(〔2017〕614 号)的大力支持。

由于相关领域文献不多、作者水平有限，难免有错误和不当之处，敬请有关专家学者予以批评指正。

著　者

2019 年 3 月

于哈尔滨工程大学

# 目　　录

# 第1章　绪　　论

## 1.1　研 究 背 景

科学技术的发展为人类带来了无限的可能,使人类适应和改造自然的能力逐渐增强,以往无法涉足的地方,也逐渐被征服。南北极极其寒冷、气候环境十分恶劣,千万年来无人问津,如今却已然失去往日的平静。近几十年来,随着人类对极地科学研究的深入,其潜在的政治、经济、科技和军事价值日益突显出来。如今南北极已成为国际政治经济竞争和合作的热点地区,吸引着许多国家的关注[1]。无论是为了本国全球发展战略的需要,还是为了争夺极地丰富的资源,或是其他目的,南北极地区已经成为世界各个国家争夺的重要战略要地,这种争夺已呈现对抗性局面。我国作为《南极条约》的协商国、北极理事会"永久观察员国"和《联合国海洋法公约》的缔约国,在极地科学考察中取得了举世瞩目的科研成果,但与美国、俄罗斯、英国等国家相比仍具有较大的差距[2]。从长远发展和战略利益出发,我国应重视极地发展前景,争取在南北极事务决策、资源勘探开发、北极航线开辟及科考等方面有更多的运作空间,为未来和平进行极地资源的开发做准备。

破冰船作为保证极地安全航行的重要交通工具,发挥着不可替代的作用[3]。要想在极地开发和研究中争取更大权益,需要在北极地区建造先进的交通基础设施。纵观世界海洋"极地"强国,包括美国、加拿大、俄罗斯、芬兰等国家,均有先进的破冰船作为支撑。由于航行环境和气候条件的特殊性,破冰船对抗低温和破冰能力有较高的要求,同时需要完成多种重要任务,例如航道开辟、极地救援及物质运送等,其设计和建造过程相比于常规船舶要复杂很多,是一个国家造船水平的高级体现。长期以来,这些海洋"极地"强国积极参与南北极的竞争,在破冰船的设计和建设方面投入许多人力和物力,建造了一大批破冰船,掌握了大量破冰船核心技术。反观我国,破冰船的研究基础较为薄弱,其研发仍处在初级阶段,缺乏有效的研究手段与技术储备,特别是极地船舶设计中的一些核心关键性问题仍未解决,严重制约了我国极地船舶研发建造能力,这难以与我国极地发展战略相匹配[4]。

当破冰船航行于有冰海域,特别是在破冰状态下航行时,海冰对船体结构、推进系统和舵系等有较大的危害。图1-1为船舶在破冰状态下航行,图1-2为在冰区航行时冰块沿船底滑行。螺旋桨作为破冰船动力核心部分,其设计和研究需要得到更多关注。由于桨叶叶梢的速度非常快,螺旋桨周围环境的流场复杂性、海冰材料物理和力学性质的复杂多变,以及海冰形状和与桨作用方式的随机性,使得冰桨相互作用呈现出复杂的动态变化过程,为冰区桨的安全运转带来了巨大的挑战。而且,在船舶实际运行过程中,一旦冰桨发生接触,作用在螺旋桨上的接触冰载荷将会出现剧烈的波动,并通过桨轴传到船舶尾部结构,导致船舶局部位置较大的机械振动,极易振裂构件。破冰船螺旋桨通常是裸露在船体外侧的,船舶在冰区航行时,经常导致碎冰块下浸并沿着船体表面滑动,接近螺旋桨导致冰桨发生接触,从而在螺旋桨上产生极端载荷的作用,加之螺旋桨厚度较小,以及在低温环境下会表现出脆性,会导致桨叶的边缘区域和梢部出现损坏或变形[5](图1-3)。

图1-1 船舶在破冰状态下航行

图1-2 碎冰沿船底滑动

(a)桨叶结构损坏

(b)桨叶变形

图1-3 海冰冲击引起的桨叶受损和变形

　　冰桨接触是十分复杂的动态过程,海冰的物理力学性质、尺寸,以及与桨叶的作用方式等均对这个过程有较大的影响。相关研究表明,在冰桨接触工况下螺旋桨冰载荷要比其水动力载荷大一个数量级以上,这对破冰船推进系统的可靠性构成了巨大的威胁[6]。长期以来,人们对冰桨接触过程进行了大量的理论和实验研究工作,但是由于冰桨接触过程和海冰的破坏机理十分复杂,加上海冰本身的物理和力学特殊性,国内外对冰桨接触理论和数值预报方法研究的整体水平仍然不高,迫切需要建立一种新的理论和数值预报方法。当前,随着科学技术的发展,各种新的数值预报方法的出现,为建立一种先进冰桨接触数值模型提供可能。另外,人们对冰桨接触过程的种种特性研究还不够充分,还有很多未知的机理有待研究人员去探索。

　　冰桨接触工况下引起的极端动态冰载荷容易导致螺旋桨的结构损坏,给破冰船的安全运营带来隐患。由于海冰的物理力学性质复杂且破坏形式有很大的随机性,这给冰桨接触状态下的研究带来很大的困难。虽然国内外学者已对冰桨接触应用理论分析、数值预报及模型实验等开展了一定的研究,但是仍难以准确预报冰桨接触的实际过程。

## 1.2　极地海冰研究状况

### 1.2.1　海冰物理力学特性及研究方法

　　海冰主要包括平整冰、浮冰、碎冰几种形式。碎冰或浮冰通常出现在寒冷的海洋、河流或湖泊中,它们的产生机理通常也不同:在风暴条件下初始冰冻期形成的浮冰;由风、浪、流和热应力引起的碎冰;由破冰船和运输船引起的碎冰。在寒冷水域航行的船舶通常都会通过带有浮冰或碎冰的水域,事实上,冰区船舶通过碎冰水域要比通过平整冰或冰脊频繁得多。碎冰水域遍布北极和亚北极的大部分区域。冰覆盖范围的大小主要取决于地理位置、环境驱动力和每年的季节。碎冰覆盖的分类主要基于以下几个参数:碎冰密集度、碎冰块的尺寸、冰的类型、冰龄、碎冰的尺寸分布、碎冰的形状和冰厚。

　　碎冰密集度是指给定水域的碎冰总面积与水域面积之比,或者是每单位水域面积的冰面积。例如,碎冰密集度为 60% 是指碎冰的面积之和占整个水域面积的 60%。根据浮冰密集度的大小,浮冰水域可以分为开阔水域、非常稀疏漂流冰水域、稀疏冰水域、密集冰水域和浮冰群水域。

　　浮冰按照其尺寸划分:直径大于 10 km 的为超大浮冰块,直径在 2 ~ 10 km 之间的为巨大浮冰块,直径在 500 ~ 2 000 m 之间的为大浮冰块,直径在 100 ~ 500 m 之间的为中等浮冰块,直径在 20 ~ 100 m 之间的为小浮冰块,直径在 2 ~ 20 m 之间的为极小浮冰块,直径小于 2 m 的为碎冰。

　　浮冰的尺寸取决于多种要素,例如冰的类型,冰的厚度,风、流驱动力,以及冰区船舶的破冰航行活动。P. Tuovinen[7] 研究了波罗的海多个碎冰航道的碎冰尺寸分布情况,得到浮冰尺寸分布服从对数正态分布函数,即

$$f(x,\mu,\sigma) = \frac{1}{x\sigma\sqrt{2\pi}}\mathrm{e}^{-(\ln x - \mu)^2/2\sigma^2} \qquad (1-1)$$

式中,$x$ 表示碎冰尺寸;$\mu$ 表示变量对数的平均值;$\sigma$ 表示变量对数的标准差。

　　虽然碎冰的形状分布是随机的,但是北极航拍图像显示碎冰形状多是三角形和矩形。破冰船破碎的碎冰块通常为月牙形,新形成的浮冰多趋向于圆形,在外部环境的影响下,碎冰常常失去棱形边缘,变得更加趋于光滑。

　　海冰主要的物理性质包括晶体结构、密度、温度和盐度等,它的力学性质包括弹性模量、抗拉和抗压强度、泊松比等[8]。相关资料表明,由于不同海域下海洋环境的差异较大,其海冰的物理和力学特性也会有很大的不同[9]。因此,要掌握海冰对结构物的影响,必须对海冰的物理和力学特性有充分的了解。冰桨接触时的冰载荷大小与接触工况、海冰的物理力学性质及其破坏模式等有较大的关系。冰区螺旋桨强度的准确预报的关键性基础在于对冰桨接触动态特性及冰载荷的准确预报,而对于海冰物理力学特性的准确描述则是保证上述工作可靠性的根本保证。因此,本节对海冰的物理力学特性及研究方法进行描述,为后续的研究工作提供参考。

　　在高纬度海域且低温条件下,表层海水将形成海冰。海冰的结构成分多样,通常由纯冰、各种固态盐和盐水泡组成,类似于天然复合材料[10]。由于海冰结构成分的不同及受到

海上风浪、温度、含盐量等因素的影响,导致了海冰的物理力学性质非常复杂,而且不同海域的海冰往往存在较大的差别[11]。通常,海冰的物理性质决定着它的力学性质。同时,冰的材料特性与其应变率也是紧密联系的。低应变率作用下,海冰将表现为韧性;低温高应变率下,海冰将表现为脆性,并有明显的尺寸效应[12]。冰与不同形式的结构物接触,其破坏形式主要包括挤压、弯曲、压屈和纵向剪切四种[13],如图1-4所示。但是海冰的破坏形式不同,其对海洋结构物作用的冰载荷大小也存在很大差异。海冰弯曲破坏对结构物作用的冰力最小,而海冰挤压破坏对结构物作用的冰力最大,这两种破坏模型作用的冰力差别可达到几十倍[14]。

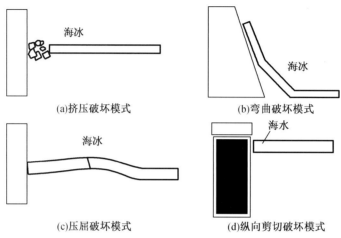

图1-4　海冰不同破坏模式

　　自20世纪50年代,许多环北极国家开始深入进行海冰的研究,内容包括海冰的形成、分类、运动状态、物理和力学特性、破坏方式及各种类型的冰对结构物的冲击作用等[15-17],进行了现场测试、室内的模拟实验、理论分析及数值模拟等研究,图1-5为俄罗斯冰特性现场测试实验,图1-6为海冰三点弯曲室内模拟试验。其中,测量法是指在实际海洋结构或舰船平台上,以直接或间接测得的所研究对象真实冰力的方法。试验方法一般为室内试验,主要采用通过模拟工况下的海冰模型与模型结构相互作用来研究冰力的方法。理论计算可分为理论模型和数值模型,理论模型以冰力学原理为基础,结合冰与海洋结构物或舰船相互作用来研究冰的破坏模式,建立可求解的简化力学计算模型,进而获得冰力;数值模型则以力学理论为依据,借助计算机技术,依据建立的数值模型开展模拟研究。

图1-5　俄罗斯冰特性现场测试实验

图1-6　海冰三点弯曲室内模拟试验

从海冰研究发展历程来看,学者们根据很多海域的海冰现场测量及室内的实验掌握的规律和机理,研究了很多海冰强度与其参数之间的函数关系。从这些与海冰强度相关的表达式中可以发现,影响比较大的两个参数是加载速率与卤水体积。其中,海冰温度与盐度决定着其卤水体积。卤水体积也反映海冰在冻结时由于盐分的影响产生的冰内部的孔隙率,进而对冰晶间的冻结强度产生影响,显著影响了其宏观的强度。相关研究表明,随着海冰卤水体积的增大,其强度将出现明显降低,但是不同学者获得的卤水体积与海冰强度的拟合函数却有区别。李志军等[18]取冬季渤海海域的海冰为样本,开展了冰的单轴压缩强度试验,在宽应变率范围内发展了海冰的孔隙率与单轴压缩强度之间的关系。季顺迎等[19]取样环渤海沿岸的海冰,进行了现场和室内的弯曲强度测试,得到海冰的强度与卤水体积的平方根具有负指数的关系,但是与加载数量却呈线性关系。虽然不同学者获得的海冰强度与卤水体积之间的表达关系有一定区别,但是得到的趋势是基本一致的。

此外,学者们也很重视加载速率对海冰强度的影响研究。通过大量海冰的单轴压缩拉伸强度试验研究发现,海冰强度会随着加载应变率或者应力率的增大表现为不断增大趋势[20](图1-7)。我国学者岳前进等[21]以长方体冰为测试对象,开展了海冰单轴压缩试验,分析了海冰韧脆转变的宏观破坏形式,并尝试以此来解释海冰在直立结构的作用下的稳态振动行为。学者们关于海冰与加载速率的关系研究观点并不统一,一些海冰的弯曲强度实验发现,弯曲强度和受到的加载速率并没有明显的相关关系[22],但是又有一些实验发现随着加载速率的增加,海冰的强度会增大,而且当加载速度达到一定程度时,将会出现由韧性转换成脆性的特性[23]。

(a)试验前　　　　　　　　　　　　(b)试验后

图 1-7　单轴压缩试验

冰与结构物相互作用时,海冰受到挤压而导致压碎破坏。这种失效形式将表现为冰与结构物接触面的断裂和剥落,通常这种失效形式与冰的裂纹缺陷有很大关系。H. Saeky[24]研究冰与结构物相互作用时断裂和剥落的作用,认为断裂通常起始于冰的缺陷处,这种区域最可能的是受到低压和拉伸的剪力区,并且在理论和数值上研究了 Kendall 双悬臂梁理论的开裂纹。从微观的角度观察冰的破坏模式,微裂纹和再结晶是低压区域的主要破坏形式,并且伴随着粗糙区域可能产生的融化;再结晶和融化则是高压区域的主要破坏形式,冰受到高压时,可能会导致分子间的剧烈摩擦而使冰的晶体局部融化。在冰与结构物相互作用的解析模型中,研究者们根据临界裂纹密度提出压力破坏标准,在冰压碎过程中,宏观裂纹和微观裂纹被认为是压碎破坏的主要原因。

近年来,学者们最为关注的问题是海冰在海上结构物的作用下所引起的激振力问题和在此过程中结构物受到的接触冰载荷大小的计算问题。但是,由于海冰与结构物作用过程十分复杂,各国学者对有关冰激振动和冰载荷的预报的机理认识有很大的分歧,目前还未形成公认的描述冰与结构物作用的力学机制[25]。

### 1.2.2　海冰数值方法国内外研究现状

海冰是一种复杂的固体,其内部包含有固体冰、盐和空气等物质。而且,海冰的温度、孔隙度和盐度等均决定着海冰的物理性质。除此之外,海冰的性质还依赖于应变率大小,即在低应变率下,海冰将出现韧性破坏,而在高应变率下,海冰将出现脆性破坏。虽然学者们已经通过有网格方法和无网格方法建立了海冰的力学模型,但还很难有数值材料模型能够准确地描述冰的物理特性。

有网格方法主要是以有限元法为主。有限元法将连续体划分成有限个结构单元来实现结构的模拟和计算。传统的有限元法是以连续介质力学为基础,因而在求解结构破坏和裂纹扩展问题方面并不具有优势。因而,学者们不断尝试改进有限元法,以将有限元法用于裂纹问题的求解。例如,有学者们对传统的有限元法进行改进,引入内聚力模型,将材料界面的本构关系采用张力位移函数来表示。W. J. Lu 等[26]采用内聚力模型开展了层冰与斜坡结构作用的模拟,但是内聚力模型对网格单元的结构和排列比较敏感,无法预知裂纹扩展路径,需进行网格重新划分,不适用于复杂海冰破坏问题求解;T. Belytschko 等[27]提出无须重新划分网格用于裂纹扩展问题的模拟,即扩展有限元法(XFEM),该方法可使裂纹扩展过程中不用依赖于网格,但是在求解结构的非线性问题时将会因单元的大变形导致计算精度下降。以有网格方法为代表的数值求解方法在解决该问题时表现出了各种弊端,而无网格方法在求解该问题上表现出了很大的优势。

无网格法(meshless method)在求解过程中,其求解域仅仅离散为点的形式,而不像有限元法一样通过这些节点连接成单元,因此无网格法不需要划分网格,这样可以有效地避免有限元方法中不断更新或重新划分网格的过程。无网格方法在 20 多年的发展历程中开发出了多种数值求解方法,而在海冰的模拟中主要是以光滑质点流体动力学法(SPH 方法)和离散元法(DEM 方法)为主。在 SPH 方法模拟海冰方面,R. Gutfraind 等[28]将冰处理为黏塑性材料,采用 SPH 方法对楔形通道的冰的流动问题进行数值模拟;H. T. Shen 等[29]将 SPH 方法用于求解海冰动力学问题,研究了冰的运输和阻塞形成过程;王刚[30]采用 SPH 方法开展了黏弹 – 塑性海冰热力 – 动力问题的数值模拟。在 DEM 方法用于海冰的模拟上,M. Lau 等[31]基于离散元程序(DECICE)开展了海冰与结构物相互作用问题的计算;季顺迎等[32]基于颗粒离散元方法开展了冰与直立柱之间碰撞的计算。在描述碎冰区冰块的形状、尺寸等非连续分布特性,以及冰块与船体结构的碰撞过程方面也具有出色的计算性能[33-34]。

本书将采用近场动力学方法(Peri dynamics,PD)开展冰冲击问题和冰桨接触问题的研究,该方法是一种新兴的固体力学理论,有望解决传统断裂力学理论中的难题[35]。近场动力学方法将物质点法的思想和分子动力学思想进行了结合,避免了连续介质假设下对位移场的求导过程,适用于对不连续问题的求解。近场动力学于 2001 年由美国分子实验室的 S. A. Silling[36]教授最先建立。近场动力学方法可实现对非线性弹性、线弹性、塑性等多种材料的模拟。S. A. Silling 等[37]于 2005 年引进新的微势能函数(micro – potential)建立了薄壳结构的近场动力学计算模型,实现了对薄壳结构在拉伸、撕裂等条件下的裂纹扩展以及纤维材料大变形的模拟。为了克服匀质材料在泊松比上的限制和不可压缩条件模拟,S. A. Silling 等[38]于 2007 年提出了状态型近场动力学方法,可很好地与经典力学理论相衔接,能够更好地模拟复杂材料的变形和破坏。在短短的十余年间,这个新兴的固体力学理论得到了快速的发展。这一理论的发展主要集中在国外,国内关于该理论方法的研究应用主要集中在混凝土力学性能、复合材料性能上[39-41]。对于海冰破碎问题的研究仍处于起步阶段,G. L. Zhao 等[42]基于键型近场动力学方法建立了破冰船破冰过程数值模型,开展了海冰破碎过程和冰载荷预报研究。M. Liu 等[43]基于状态型近场动力学方法开展了海冰与立柱结构的模拟,并与实验结果进行了比较,证明近场动力学方法在模拟海冰破碎问题的优势。Q. Wang 等[44]采用键型近场动力学方法开展了水下爆炸对冰层破碎的影响,将计算数据与实验观测结果对比,验证了其所建立数值方法的有效性。本书作者团队的叶礼裕等分别采用近场动力学方法预报和分析了冰桨相互作用下的冰载荷及冰的破碎情况。可见,虽然近场动力学在模拟海冰破碎问题上仍处于起步阶段,但是近场动力学在理论基础上具有明显的优势。

# 1.3　极地船舶推进器

1871 年德国工程师施泰因豪生设计并在汉堡造船厂建成了世界上第一艘破冰船"埃斯 - 布雷赫尔一号",如图 1 - 8 所示。从那以后,破冰船得到了很大的发展,特别是瑞典、挪威、芬兰、冰岛、丹麦、俄罗斯、加拿大、美国等国家,由于领土面积大部分地处寒带,不少港口全年的冰冻期长达 5 ~ 6 个月,在此期间,需要破冰船维持港口及航道的畅通。所以在这些国家,破冰船的设计和建造历来很受重视。此外,北极资源开发在很大程度上取决于该地区的交通状况,

图 1 - 8　埃斯 - 布雷赫尔一号

而严酷的自然条件阻碍了陆上交通的发展,使得通往北极地区的运输主要依靠海上交通,故北极海域就成了连接欧洲和远东的主要通道。因此,对于相关国家来说,无论从经济还是政治角度,均须建立一套与以前不同的冰区海上运输系统。破冰船作为用于为冰区船舶开辟航道的专用船舶,由此受到了更多的重视并取得了相当的发展。

现代破冰船所肩负的任务已经越来越广泛和重要。但我国对破冰船的自主研发尚处在起步阶段,尤其是作为船舶动力核心部分的推进装置的研究仍有待于进一步完善。除了要解决它的水动力性能之外,还有一个极其重要的问题,即推进系统的合理配置,如何为这种特种船舶配置一套高效、合理、经济的推进系统是造船界十分关注的问题。

## 1.3.1　冰区船舶推进系统的特殊性需求

破冰船船头处吃水一般很浅,从船头到中部吃水深度逐步增大。采用这种形状是由于破冰船的很多破冰工作不是靠正面冲进冰层,而是靠爬骑到冰面上去,使船头下面的冰层由于受到重压很快发生破裂来进行的,如图 1 - 9 所示。独特的粗短船体使质量更为集中,使这种破冰方式更易奏效。船体必须反复驶上冰层加压来完成破冰作业。这就要求破冰船应具有良好的机动性和动力,除此之外,其对性能的特殊要求及运行环境的复杂也给破冰船的推进系统设计带来了一些难点。

(1)破冰船的双向破冰方式对艉舵强度和形式有着进一步要求,故艉部形状较常规船

舱区别较大(图 1 – 10),机舱空间和位置的限制将加大推进装置的布局难度。

**图 1 – 9 破冰船靠爬上冰面完成破冰作业**

(a)常规船型

(b)双向破冰船型

(c)侧向破冰船型

**图 1 – 10 不同破冰船型对比**

(2)为破碎较厚的冰层,破冰船向冰层冲撞时吃水较深,冲击力较大,这就要求其要有较高的航速和较大的功率。

(3)破冰船时进时退的破冰过程及在开阔水域中的前驶过程差异很大,使得发动机和推进器所受负载的变化较大,因而对其设计有着苛刻的要求。

(4)破冰船在工作时处于重载状态,保持较高的效率对破冰船的工作极为重要,推进器在航区和对应的船舶推进效率是否高,船体的推力减额是否合理,节能效用是否充分,噪声是否低,是否不产生空泡,以及水动力性能与结构强度是否满足规范,这些将直接影响船舶的性能,而选择相适应的推进器是充分发挥船舶性能的重要因素。

### 1.3.2 各推进装置的冰区适用性分析

1. 导管螺旋桨

导管螺旋桨亦称套筒螺旋桨,它是在螺旋桨外加上一个环形套筒而构成的推进器(图1-11)。导管的作用是帮助形成一个有利于螺旋桨工作的流场,同时也产生一部分推力。自导管螺旋桨问世以来的几十年来,国内外对导管螺旋桨进行了多方的论证,作为一种特种推进器,我国研究人员对其进行了大量的模型系列试验和理论研究,并就导管螺旋桨性能的改善进行了许多研究工作。

图 1-11 导管螺旋桨

根据破冰船的工作状态,选取导管螺旋桨作为破冰船推进器,主要有以下优点:

(1)导管充分改善了尾流,而且纵摇较小,可减少失速,提高了船舶的快速性;

(2)导管螺旋桨盘面处的水流速度受船速变化的影响较普通螺旋桨小,螺旋桨吸收的功率受船速影响小,各种载荷情况下都能良好运转;

(3)导管可以保护螺旋桨不与异物、浮冰相碰,避免桨叶受到损伤;

(4)导管螺旋桨振动小,较小的振动不仅有益于实现主机功率,还能改善船上人员的作业环境,提高工作效率。

其不足之处在于:

(1)采用导管螺旋桨倒车时操纵性能较差;

(2)在浅水区域航行时,易将碎石、杂物吸入导管,冰区航行时导管易遭损坏;

(3)导管内压力降低,易发生空泡现象,引起导管桨剥蚀。

2. 可调螺距桨

可调螺距桨(调距桨)能借助桨毂中的操纵机构旋转叶片来改变桨叶的螺距分布,使之在各种工况下充分吸收主机功率,并能改善非设计点时螺旋桨的性能,降低耗油量,提高经济性(图1-12)。此外调距桨可在单向旋转下实现快速倒车,使主机控制、减速齿轮箱及其他推进辅助系统的设计简化。调距桨较定距桨在船舶经济性和机动性上表现的突出优越性,使其近年来越来越受到国内外学者的关注和重视并广泛应用于各特种船舶。

调距桨推进装置用于破冰船上的主要优点:

(1)单向旋转,桨叶不易损坏;绝大部分冰负荷作用于与桨叶最大惯性矩的轴线相垂直的方向上,桨叶不易弯曲。

(2)与定距桨相比,调距桨可以设计成在巡航状态下具有较高的效率,而且在破冰作业时能产生更大的推力。这一点在当前能源成本昂贵的情况下具有重要意义。另外,螺旋桨尾流中的自由冰块的影响可以通过调节螺距来消除。

图 1–12　肖特尔调距桨推进器结构图

（3）调距桨破冰船具有良好的机动性,缩短了破冰时倒车和撞击冰块的过程,提高了破冰船破厚冰时的速度。

（4）调距桨的单向回转性使主机控制、减速齿轮箱及其他推进辅助系统的设计简化。

（5）调距桨在运转过程中螺距可调,利于船舶在复杂航区航行使用最佳的机桨配合,以取得经济的推进效益。

当然调距桨由于其自身结构方面的原因也有一些缺点：

（1）在相同情况下,调距桨由于毂部结构较定距桨复杂,使得其毂径比（$d/D$）较大。在相同的设计工况时,其效率比定距桨低 1% ~ 3% 。

（2）调距桨及轴系由于要安装螺距调节机构及遥控系统,因此构造复杂,造价比定距桨高。

（3）由于桨毂中的转叶机构零件较多,保养和修理麻烦,须保证桨叶与轴毂连接处的水密性以防止水进入装有旋转机构的轴毂中并防止其内的润滑剂外泄。一旦桨毂需要检查或维修,船舶必须进坞,在可靠性上不及定距桨。

（4）调距桨的桨叶根部由于安装边尺寸的限制、桨叶固定螺栓布置的影响,以及桨叶与桨毂之间必要的间隙等因素,使叶根部面宽度减小。为保证根部强度,叶根要相应增厚,这样容易产生空泡,造成螺旋桨的穴蚀,对于高速强载的螺旋桨这一现象更为严重。

总体来说,调距桨对于冰区航行船舶的适用性已得到国内外的一致认可,自20世纪70年代起调距桨一直被广泛应用于各国的冰区航行船舶。尤其对于机舱地位有限,而破冰作业却要求使用大型动力装置的冰区航行船舶,调距桨已成为它们推进装置的首选。据估算在 3 kn 恒定航速下破 2 m(6 ft)厚的冰,预计需要 44 700 W(60 000 hp)的推进装置。这些破冰船尺度相当小,选用柴油机－电力推进装置并不适合,这时可选择耗油率低的柴油机用于巡航和破薄冰,并采用具有高的功率体积比的燃气轮机破厚冰。事实上,如果选用燃气轮机,就必须采用调距桨,因为燃气轮机是单向旋转机械,而要采用如此大功率级的可逆转减速齿轮箱是不现实的。因此,机舱位置有限却又要求有较好的破冰能力的冰区航行船舶,采用柴油机－燃气轮机混合动力装置配以调距桨具有较高的实用性。

另外。无论是我国的还是国外的冰区运输船舶,大都选用柴油机为主机并配以调距桨。这类冰区航行船舶在普通水域及薄冰状态下能有较好的航行性能,冰情严重时一般在有破冰船开路的情况下航行,对破冰能力要求较低,故其实际上不用成本高昂的柴油机－电力装置配以吊舱电力推进器的方式。而是更倾向于选用中速柴油机单轴动力装置,驱动调距桨(敞式或带导管)。

3. 全回转式推进器

全回转推进器的轴是竖向立轴,螺旋桨可以绕轴线做360°的回转,可以在任何方向获得最大推力,它可以使船舶进行原地回转、横向移动、急速后退和在微速范围内做操舵等特殊驾驶操作。船舶装备了全回转推进器后可以省去艉柱艉轴管,使艇部形状简化,减少了船舶阻力,并且在推进器发生故障时可以将整机从机舱吊出而不需要进坞,使维修工作大大简化。另外,由于螺旋桨可以回转而不需要柴油机倒车,增加了柴油机的使用寿命。这种新型推进器除了普通船舶外更适合于各种工程船舶,例如拖轮、顶轮、浮动起重船、挖泥船、渡轮、作业用平底船等。全回转推进器分为 Z 形传动全回转推进器和吊舱电力全回转推进器。两种推进器的构造不同,但水动力性能相近。

(1)Z 形传动全回转推进器

Z 形传动全回转推进器又称悬挂式螺旋桨装置。主机的功率经联轴器、离合器、带有万向节的传动轴、上水平轴、上部螺旋锥齿轮、垂直轴、下部螺旋锥齿轮和下水平轴等部件传递给螺旋桨,从而推动船舶前进。Z 形传动全回转推进器结构如图 1 – 13 所示。这种方式实际上是将破冰船体上布置齿轮传动舱,通过 Z 形传动系统驱动螺旋桨。

主要优点是:螺旋桨可绕垂直轴做360°旋转,推力方向可以自由变化,使得船舶的操纵性能好,可以省掉舵、艉柱和艉轴管等结构,使船尾形状简单,从而减小阻力。

不足之处是:由于主机功率至少经两级齿轮传递,传动效率较柴油机直接推进明显降低;传动装置结构复杂,使传递功率受到较大限制,而且维修、保养困难。

图 1 – 13　Z 形传动全回转
推进器结构图

(2)吊舱电力全回转推进器

电力推进是指主机驱动主发电机,发出的电能供到主配电板,再由主配电板给推进电机供电,从而驱动螺旋桨旋转的一种推进方式。目前船舶电力推进电机多采用交流电机,通过交流变频器调节转速。吊舱式推进是将推进电机放在吊舱内,本质上是电力推进。吊舱式电力推进器结构如图 1 – 14 所示。从图中可以看到,吊舱的舱壁做成了推进电机的定子,而转子布置在吊舱内,空间上比较紧凑。同时,吊舱式推进器集推进和操舵装置于一体,能够增加船舶设计、建造和使用的灵活性,使电力推进技术的优越性得到更充分的体现,因而受到全球造船界和航运界的关注,呈现出蓬勃发展的势头。未来,航运业对吊舱式推进器的需求将会越来越多。

与采用常规推进器的船型相比,吊舱式推进器优化配置的船型具有以下优势:

(1)选用吊舱推进器的船型能够提高能效水平,实现节能减排。

(2)吊舱推进器可在360°范围内旋转,极大地提高了船舶的操纵性和机动性。配合艏侧推器,吊舱推进器可使船舶完成原地回转、横向平移、精确定位等常规推进器难以完成的操作。

(3)这类船舶的噪声更低、振动更小。与常规桨相比,吊舱推进器的桨盘面处可得到更均匀的来流,从而明显减少振动、降低噪声。军用舰艇若采用该型推进器,能明显提高舰船隐身性能。

图 1 – 14　双桨式吊舱推进器的内部结构和外观图

（4）选用吊舱推进器的船舶能使装船的复杂机械装置数量减少，使其可靠性得到极大提高。

（5）选用吊舱推进器可以优化船舶的尾部线型，充分利用机舱舱容，使船体设计尤其是船尾和集控部分设计具有很大的灵活性。

（6）吊舱推进器可以实现模块化设计、模块化安装，这有助于缩短船舶建造周期，又便于船舶的维修保养。

其不足之处：

（1）尽管吊舱维护要求低，但由于维修空间有限，一旦发生故障需要大修时往往更麻烦，同时电气维护要求高。

（2）由于吊舱安置于船体外部，吊舱在破冰时极易受到撞击，抗冲击能力弱。

（3）国内吊舱推进技术相对落后，科研基础薄弱，研发周期长，前期投资较大。

对于目前广受青睐并有较大性能优势的双向动力破冰船，全回转推进器省掉舵、艉柱和艉轴管等结构，简化船尾形状，减少阻力，同时仍能表现杰出的操纵性能，已成为其推进系统的不二选择。但吊舱式电力推进器的设计、制造和供应目前被国外少数发达国家垄断并技术封锁。我国当前开发、设计新船型所选用的吊舱式推进器都是从国外进口的，很难自主研发和生产（如雪龙 2 号破冰船）。为适应国内相关技术的发展情况，推荐优先考虑 Z 形传动全回转推进器作为自主研发破冰船的推进装置来开展研究，并为日后开发与之共性较大的吊舱式推进器提供一定的理论支撑和技术保障。

### 1.3.3　国内外冰区船舶推进装置的配备情况

破冰船舶对破冰时的动力和航速有较高要求，在 20 世纪五六十年代破冰船发展的早期，各国主要应用多个定距桨作为破冰船舶的推进装置。到 20 世纪 70 年代，调距桨基于它在船舶经济性和机动性上表现的突出优越性，开始被逐渐应用到破冰船上，且直至 2010 年俄罗斯 Lukoil 公司新建的破冰船仍采用双调距桨进行推进。20 世纪 90 年代全回转推器得到了较好的发展，以其杰出的操纵性能，帮助双向破冰船（double acting ship）突破传统推进系统的对其发展限制，被认为是破冰船发展中最瞩目的进展。双向破冰船的特点是在普通水域和薄冰情况下艏部前行，在冰情严重时可调转船头艉部破冰航行。因此它可在冰情严重时独立航行，且在普通水域航行的性能优于传统破冰船，故已成为破冰船发展的主流方向。表 1 – 1 整理了 1958—2018 年间完工或改造完成的各国冰区船舶推进装置的配备情况，它侧面反映了破冰船推进装置的发展历程。

从表 1-1 中也可以注意到近 20 年建造和改造的新型破冰船的推进装置几乎都是采用调距桨或全回转推进装置（包括 Rolls Royce 推进器，Azipod 推进器，Schottel 推进器和 Steer Prop 推进器）。调距桨和全回转推进系统已成为近些年破冰船舶推进装置的研究走向。这一数据统计也从侧面验证了调距桨和全回转推进系统应用于破冰船的实用性、适用性和合理性。

表 1-1 各国破冰船推进装置配备情况

| 国家 | 船名 | 所属公司 | 完工年份 | 调距/定距 | 全回转设备 | 桨个数 |
|---|---|---|---|---|---|---|
| 阿根廷 | Almirante Irizar | Argentinean Navy | 1978 | FPP | | 2 |
| 澳大利亚 | Aurora Australis | Antarctic Shipping | 1989 | CPP | | 1 |
| 英国 | — | British Antarctic Survey | 1991 | FPP | | 1 |
| 加拿大 | LouisS. St. Laurent | Canadian Coast Guard | 1969 | FPP | | 3 |
| | Pierre Radisson | Canadian Coast Guard | 1978 | FPP | | 2 |
| | Amundsen | Canadian Coast Guard | 1979 | FPP | | 2 |
| | Des Groseilliers | Canadian Coast Guard | 1982 | FPP | | 2 |
| | Terry Fox | Canadian Coast Guard | 1983 | CPP | | 2 |
| | Arctic Shiko,Seaforth Atlantic | | 1984 | CPP | | 2 |
| | Arctic Ivik | Canadian Coast Guard | 1985 | CPP | | 2 |
| | Henry Larsen | Canadian Coast Guard | 1987 | FPP | | 2 |
| 智利 | Almirante Viel | Chilean Navy | 1969 | FPP | | 2 |
| 丹麦 | Danbjorn | Danish Navy | 1965 | FPP | | 4 |
| | Isbjorn | Danish Navy | 1966 | FPP | | 4 |
| | Thorbjorn | Danish Navy | 1980 | FPP | | 2 |
| 爱沙尼亚 | Tarmo | Veteede Amet | 1963 | FPP | | 4 |
| | EVA-316 | Veteede Amet | 1980/2005 | FPP | Rolls Royce | 2 |
| 芬兰 | Voima | Arctia Icebreaking Oy | 1954,1979 | FPP | | 4 |
| | Urho,Sisu | Arctia Icebreaking Oy | 1975,1976 | FPP | | 4 |
| | Otso,Kontio | Arctia Icebreaking Oy | 1986,1987 | FPP | | 2 |
| | Fennica,Nordica | Arctia Icebreaking Oy | 1993,1994 | FPP | Rolls Royce | 2 |
| | Zeus | Arctia Icebreaking Oy | 1995 | CPP | | 1 |
| | Botnica | Arctia Icebreaking Oy | 1998 | FPP | Azipod | 2 |
| | Polaris | | 2016 | FPP | 吊舱推进器 | 2 |

表 1−1(续 1)

| 国家 | 船名 | 所属公司 | 完工年份 | 调距/定距 | 全回转设备 | 桨个数 |
|---|---|---|---|---|---|---|
| 德国 | Polarstern | Alfred Wegener Institute (BMBF) | 1982 | FPP | | 2 |
| | Neuwerk | Wasserund Schifffahrtsamt Cuxhaven | 1998 | FPP | Schottel | 2 |
| | MariaS. Merian | Land Mecklenburg − Vorpommern | 2005 | FPP | Schottelt andemprops | 2 |
| 日本 | Soya | Japan Coast Guard | 1978 | CPP | | 2 |
| | Shirase | Ministryof Defense | 1982 | FPP | | 3 |
| | Teshio | Japan Coast Guard | 1995 | CPP | | 2 |
| | Shirase | Ministryof Defense | 2009 | FPP | | 2 |
| 哈萨克斯坦 | Arcticaborg, Antarcticaborg | Wagenborg(ENI) | 1998 | FPP | Azipod | 2 |
| | Tulpar | BUEMarine Ltd | 2003 | FPP | Schottel | 2 |
| | Mangystau − 1,2,3,4,5 | JSCCircle Marine Inves | 2010,2011 | FPP | Schottel | 3 |
| 拉脱维亚 | Varma | Portof Riga | 1968 | FPP | | 4 |
| 挪威 | Svalbard | Royal Norwegian Navy | 2001 | FPP | Azipod | 2 |
| 俄罗斯 | Karu | Ros Mor Port | 1958 | FPP | | 4 |
| | IvanKruzen − shtern, YuriyLisyanskiy, FyodorLitke, Semen Dezhnev | Ros Mor Port | 1964,1965 1970,1971 | FPP | | 3 |
| | Tor | Ros Mor Port | 1964 | FPP | | 4 |
| | Dudinka | OJSCMMCNorilskNickel | 1970 | FPP | | 4 |
| | Jermak | Ros Mor Port | 1974 | FPP | | 3 |
| | AdmiralMakarov, Krasin | Fesco | 1975,1976 | FPP | | 3 |
| | KapitanM. Izmaylov, Kapitan Kosolapov | Ros Mor Port | 1976 | FPP | | 2 |
| | Kapitan Plakhin | Severo − Zapadny Flot | 1977 | CPP | | 3 |
| | Kapitan Sorokin | Ros Mor Port | 1977/1991 | FPP | | 3 |
| | Kapitan Zarubin | Ros Mor Port | 1978 | CPP | | 3 |
| | Kapitan Bukaev, Kapitan Chadayev, Kapitan Krutov | Ros Mor Port | 1978 | FPP | | 3 |
| | Talagi | Rosneft | 1978 | CPP | | 1 |

表 1-1(续2)

| 国家 | 船名 | 所属公司 | 完工年份 | 调距/定距 | 全回转设备 | 桨个数 |
|---|---|---|---|---|---|---|
| 俄罗斯 | Kapitan Nikolaev | Murmansk ShippingCo. | 1978/1990 | FPP | | 3 |
| | Kapitan Dranitsyn | Murmansk ShippingCo. | 1980 | FPP | | 3 |
| | Kapitan Khlebnikov | Fesco | 1981 | FPP | | 3 |
| | Magadan | Fesco | 1982 | FPP | | 2 |
| | Smit Sakhalin,SmitSibu | Smit Singapore(FEMCO) | 1982 | CPP | | 2 |
| | Mudyug | Ros Mor Port | 1985/1989 | CPP | | 2 |
| | Vladimir Ignatjuk | Murmansk ShippingCo. | 1983 | CPP | | 2 |
| | Dikson | Ros Mor Port | 1983 | CPP | | 2 |
| | Kapitan Yevdokimov, Kapitan Demidov, Kapitan Moshkin | Ros Mor Port | 1983, 1984, 1986 | FPP | | 4 |
| | 1 | Akademik Feodorov | AARI | 1987 | FPP | |
| | Rjurik, Askold | Sovfraht | 2004,2005 | CPP | | 2 |
| | Fesco Sakhalin | Fesco | 2005 | FPP | Azipod | 2 |
| | Pacific Enterprise, Pacific Endeavour, PacificE ndurance | Swrie Offshore | 2006 | FPP | Rolls Royce | 2 |
| | Polar Pevek | Rieber Shiping | 2006 | FPP | Azipod | 2 |
| | Yuri Topchev, Vladislav Strizhov | Sevmorneftergaz | 2006 | FPP | Azipod | 2 |
| | Svetlyy, Vzmorye | Lukoil | 2007 | CPP | | 2 |
| | Toboy | Lukoil | 2008 | FPP | Steer Prop | 2 |
| | Varandey | Lukoil | 2008 | FPP | Steer Prop | 2 |
| | Moskva,Sankt Petersburg | Ros Mor Port | 2008,2009 | FPP | Steer Prop | 2 |
| | Langepas, Kogalym, Svetlyy, Vzmore | Lukoil | 2009,2010 | CPP | | 2 |

表 1-1(续 3)

| 国家 | 船名 | 所属公司 | 完工年份 | 调距/定距 | 全回转设备 | 桨个数 |
|---|---|---|---|---|---|---|
| 俄罗斯<br>(核动力<br>破冰船) | Lenin | Atom Flot | 1959 | FPP | | 3 |
| | Arktika, Sibir, Rossija,<br>Sovetskiy Soyuz, Yamal | Atom Flot | 1974—<br>1992 | FPP | | 3 |
| | Taimyr, Vaigach | Atom Flot | 1989,1990 | FPP | | 3 |
| | 50Let Popedy | Atom Flot | 2007 | FPP | | 3 |
| | Baltika | 俄罗斯运输部 | 2015 | FPP | Azipod | 3 |
| | 北极号 | "核动力船舶"<br>股份公司 | 2016—<br>2020 | FPP | | 3 |
| | 西伯利亚号 | | 2019 | FPP | | 3 |
| 南非 | S. A. Agulhas | Smit Amandla Marine Ltd. | 1977 | CPP | | 1 |
| 瑞典 | Ale | Sjöfarts – verket | 1973 | CPP | | 2 |
| | Atle, Frej, Ymer | Sjöfarts – verket | 1974,1975<br>1977 | FPP | | 4 |
| | Oden | Sjöfarts – verket | 1989 | CPP | | 2 |
| | Tor VikingII, Balder Viking,<br>Vidar Viking | Transatlantic AS/<br>Sjöfarts – verket | 2000,2000<br>2001 | CPP | | 2 |
| 美国 | Polar Star,<br>Polar Sea | USCoast Guard | 1973,1976 | CPP | | 3 |
| | NathanielB. Palmer | Edison Chouest(NSF) | 1992 | CPP | | 2 |
| | Healy | USCoast Guard | 1999 | FPP | | 2 |
| | Mackinaw | USCoast Guard | 2006 | FPP | Azipod | 2 |
| 韩国 | Araon | | 2009 | FPP | 吊舱推进器 | 2 |
| 中国 | 雪龙2号 | 中国极地研究中心 | 2018 | FPP | Azipod | 2 |

# 1.4　冰桨耦合特性研究现状

## 1.4.1　冰桨接触模式分析

冰桨接触是用来描述冰作用于桨的专业术语[45]。冰桨干扰可以分为接触和非接触干扰。这里给出了与冰桨接触问题有关的词,以便更好地理解下文。

接触是指螺旋桨以任意形式与海冰发生接触。

碰撞是指海冰与螺旋桨表面某些部分接触,例如叶面或者叶背。碰撞常发生于第二和第四象限。

铣削是指冰块和桨叶的导边和随边发生侵蚀下接触,例如第一和第三象限。当螺旋桨旋转时,桨叶叶缘将海冰铣削和刮掉。

压碎是由于海冰受到桨叶的挤压作用达到了破碎压力,使海冰的部分粒子被粉碎。

散裂是由于接触时出现了裂纹而导致的剥落。

剥落是桨叶将碎冰从冰块中剥落的过程。

剪切破坏经常与压碎破坏同时发生。在某一方向上,若冰的剪切强度超过了冰的压碎强度,那么剪切破坏就发生了。

冰桨相互干扰实际是一个十分复杂的过程,螺旋桨所承受的载荷包括直接接触的冰载荷和非接触水动力载荷。为了更好地分析冰桨相互干扰下的螺旋桨所承受的载荷,通常将其分为水动力载荷和冰载荷,而其中水动力载荷又可细分为可分离水动力载荷、不可分离水动力载荷[46]。冰载荷是在冰桨间的切削、碰撞等接触形式下,因为冰桨接触造成海冰的碎裂和破坏所产生的载荷,如图 1 – 15 所示。不可分离水动力载荷则主要是海冰的阻塞效应、临近效应及由于海冰存在所导致的空泡所引起的,可理解为由于桨附近的海冰存在所产生的水动力干扰载荷[47]。而可分离水动力载荷则表示敞水情况下螺旋桨的水动力载荷。而冰桨一旦发生接触,冰载荷将成为螺旋桨所承受的载荷的主要成分,也是冰区螺旋桨设计过程中需要重点关注的。

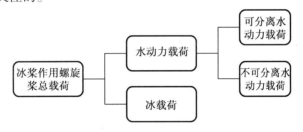

**图 1 – 15　冰桨相互作用下的总载荷的分类**

桨叶曝露于冰块的程度与船舶的运行工况、艉部螺旋桨的安装特点等有关。要是没有被船侧清理或者螺旋桨没有加装保护装置,船体下方的冰块将会与螺旋桨发生接触。吃水深或者艉倾大的船,冰作用于螺旋桨较少。而在压载条件下,螺旋桨有些部分还将会浮出冰面,螺旋桨容易与冰发生接触。冰块的尺寸、位置、螺旋桨几何形状、冰块几何形状、螺距角、船航行速度和桨运转速度及对桨叶的作用方向将影响冰桨作用动态特性。螺旋桨和海冰之间的相互作用主要包括两种形式,即冰桨铣削作用和冰桨碰撞作用。两者的实际区分并不确定,以前认为接触持续大于桨叶旋转一周那么将其定义为铣削载荷,即同一个桨叶两次与海冰发生接触。而参考文献[48]将桨叶的导边或随边先与海冰发生接触的情况定义为铣削工况,而将桨叶的叶背或者叶面先与海冰发生接触且不与导边发生接触定义为碰撞工况。

冰桨碰撞工况多发生于小块碎冰,如图 1 – 16(a)所示。在冰桨碰撞过程中,冰桨间的接触力会成为螺旋桨载荷的主要组成部分。一般情况下,螺旋桨运转时叶梢的速度很高,在这种速度下冰桨发生接触,会导致海冰的高应变率,由于海冰受高应变率作用将表现出脆性材料特性,因此会使海冰产生脆性破坏[49]。碰撞过程中,桨叶将承受一个促使其向后弯曲的作用力。由碰撞所造成的桨叶载荷通常小于铣削的工况,但是出现频率较高。而对于大块的海冰,或海冰被卡在船体与桨叶之间的情况,螺旋桨与海冰间多会以铣削的形式发生相互作用,如图 1 - 16(b)所示。在冰桨铣削过程中,桨叶梢部将承受较大冰载荷的作用,容易导致螺旋桨发生变形和剪切破坏。冰桨铣削作用下的冰载荷将会出现剧烈的波动,具有高频的特征,可引起较严重的冰激振动,通过轴系传到船尾部,导致船体结构局部损坏和较大的机械噪声。可见,冰桨接触动态过程对螺旋桨结构危害极大,冰桨接触的速度和角度、冰或桨的几何及海冰属性将直接影响到螺旋桨结构的损伤程度。要想设计安全性较好的冰区螺旋桨,冰桨接触动态特性及强度预报是首先要解决的问题。

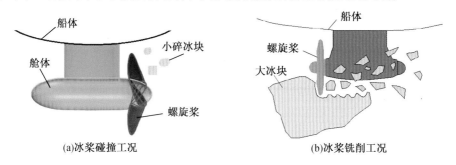

(a)冰桨碰撞工况                                    (b)冰桨铣削工况

**图 1 - 16    冰桨接触两种典型工况**

冰桨接触条件下的螺旋桨运转工况所在的象限可以通过螺旋桨的转速和进速的比值来定义[50],如图 1 - 17 所示。对于一个固定螺距螺旋桨,第一象限为螺旋桨转速和进速均为正值的情况,桨叶的导边可能会与海冰发生接触,此时可认为冰桨铣削工况发生了,同时还会伴随着碰撞工况的发生;第三象限则为螺旋桨转速和进速均为负值的情况,桨叶随边可能会先与冰块发生接触,此时冰桨铣削工况将会发生;其他象限是在船舶倒车、回转运动等操纵性情况下发生的,海冰主要与桨叶的叶背或叶面发生接触,以冰桨碰撞工况为主。

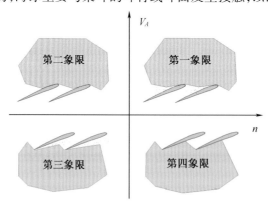

**图 1 - 17    定距桨冰桨接触的工况象限**

对于调距桨来说,第二和第三象限是不会发生的,因为船舶可以通过桨叶调距完成船舶的操纵运动,如图 1 - 18 所示。

在冰桨接触状态中,由于工况的特殊性,容易产生较大的冰载荷及轴向激振力,从而导致螺旋桨诱导艉振、噪声、剥蚀及结构损坏等问题。准确预报螺旋桨冰载荷及轴向激振力对冰区船舶推进系统(包括螺旋桨、轴系及主机)的设计有重要的指导意义,是开展冰区船舶技术研究的关键环节。国内外已基于理论计算、数值模拟及实验技术开展了相关的研究工作。

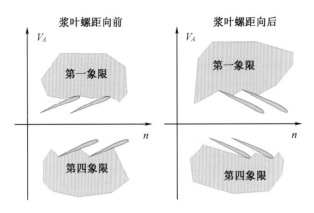

**图 1 - 18　调距桨冰桨接触的工况象限**

## 1.4.2　理论预报

长期以来,国外通过对冰桨接触机理和规律的总结,结合实验数据和观测图片,建立了冰桨接触理论预报模型,主要用于冰桨接触过程中冰载荷的预报[51]。

1987 年,T. Kotras 等[52]采用一个楔形结构代替螺旋桨桨叶来预报冰桨接触冰载荷,在考虑叶片四个象限运转条件和叶片阴影影响后,发现了相邻叶片路径之间重叠会引起叶片阴影,如图 1 - 19 所示。基于这一发现 Kotras 建立了冰桨接触冰载荷预报模型。

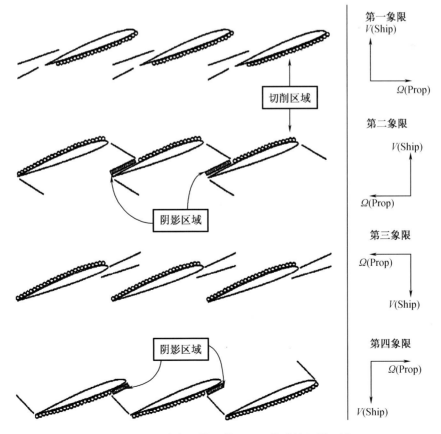

**图 1 - 19　四个象限的运载工况及桨叶的阴影区域**

1995 年,B. Veitch[53]在 Belyashov 和 Shpakov(1983)实验模型的基础上提出了冰桨接触模型的全新概念(其几何模型如图 1 - 20 所示,图中各标注的含义见表 1 - 2),可估算在任意切削角下作用于叶片的接触冰载荷。虽然 B. Veitch 假定了一个合适的冰桨相互作用模型,但是没有考虑桨叶之间相互作用;而且冰块形状比较单一,只考虑了球形冰,忽略了冰桨相互作用时冰块形状和质量的随机变化。

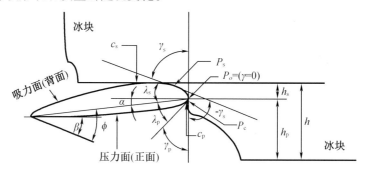

图 1 - 20　切削工况的几何模型

表 1 - 2　B. Veitch 模型中符号的说明

| 符号名称 | 说明 |
| --- | --- |
| $\alpha$ | 攻角 |
| $\phi$ | 几何螺距角 |
| $\beta$ | 水动力螺距角 |
| $\gamma$ | 局部切削角 |
| $\lambda$ | 局部叶剖面角(螺距基准线与所求点切线的夹角) |
| $h$ | 被切除部分冰的厚度 |
| $c$ | 剖面上最后的接触点 |
| $P$ | 所求点 |
| $s$ | 吸力面的角标 |
| $p$ | 压力面的角标 |

　　B. Veitch[54]在 1997 年时将冰桨之间作用模型延伸到水动力载荷的计算中。1998 年,J. Doucet 等[55]基于面元法程序,预测了冰桨相互作用的混合荷载,包含接触冰载荷和干扰水动力载荷,同时考虑将水动力载荷和冰接触载荷进行冰桨相互作用的数值方法研究。1998 年,H. Soininen[56]在对莫尔 - 库仑破坏准则的滑移线理论研究的基础上,将碎冰处理为黏性颗粒挤出的压力分布模型,作用在叶片上的载荷由每段有效载荷相加得到,提出了有效载荷的冰桨接触计算模型。2006—2008 年,J. Wang 等[57-59]在面元法程序 PROPELLA 的基础上,结合冰力半经验估算公式,预报了作用在螺旋桨上的混合载荷,并通过实验进行了验证。

### 1.4.3　数值模拟

　　上述理论计算方法对冰桨接触过程进行了简化,因而使用范围比较有限。而数值计算方法能够将冰桨接触过程中海冰的破坏模式考虑在内,便于对冰桨接触的动态过程进行细致考虑。近年来,计算能力和数值计算方法的发展,带动了冰桨接触数值预报技术的发展。但是由于海冰材料的特殊性及冰桨接触机理的复杂性,建立可靠的冰桨接触数值预报方法有一定难度。

2014 年,E. J. Vroegrijk 等[6]基于有限元法提出了一种可用于描述海冰各向异性的三维材料模型,开展了冰桨接触数值模拟,发现冰桨接触冰载荷要比干扰水动力载荷高一个量级。同年,胡志宽[60]基于 ANSYS/LS – DYNA 平台,采用 SPH 方法,对冰作用下的桨叶变形采用有限元法进行求解,开展了冰桨碰撞的数值仿真,研究了冰桨碰撞角度、速度和位置等对螺旋桨桨叶结构动力响应的作用规律。2016 年,孙文林[61]基于 ANSYS/LS – DYNA 平台,海冰和桨叶均离散为有限元结构单元,进行了冰桨铣削与碰撞两种工况下的数值仿真,并分析了不同冰桨作用形式对桨叶载荷分布和危害程度的影响,揭示了不同的螺旋桨运转参数、海冰尺寸等因素对螺旋桨应力分布的影响规律。2016 年,王国亮[62]基于势流理论升力体与非升力体干扰的非定常多体面元法,建立了非接触状态下冰桨非定常干扰问题的求解方法,如图 1 – 21 所示。2017 年,王锡栋[63]运用显示动力软件 LS – DYNA,基于 SPH – FEM 耦合计算,建立了冰桨铣削数值模型,变参数开展了铣削深度和进速系数的冰桨铣削模拟计算。2017 年,C. Wang 等[64]以黏性流体力学理论为基础(图 1 – 22),基于重叠网格技术,对冰桨切削工况下冰级螺旋桨的诱导激振力及其周围流场特征进行了模拟预报。2017 年,L. Y. Ye 等[65]基于近场动力学方法及连续接触检测理论,建立了冰桨接触数值预报方法,自主开发了相应的计算程序,可形象地模拟冰桨接触过程及瞬时冰载荷。C. Wang 等[66]基于近场动力学方法的冰桨接触数值模型开展了变参数工况下的冰桨铣削过程中海冰的破坏模型及冰载荷特性的分析。

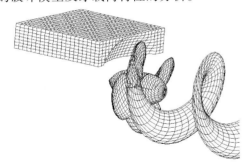

图 1 – 21 势流面元法

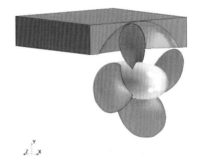

图 1 – 22 黏性流体力学理论

### 1.4.4 试验方法

相比于理论方法和数值技术,冰桨接触试验研究起步相对较早。冰桨接触试验主要包括实船试验与模型试验。冰桨接触实船试验开展的最早,学者们通过实船测量试验得到了非常宝贵的数据,对冰载荷幅值大小和作用位置的理解有很大的帮助。但是,实船测量试验很难把握准确信息,而且需要花费很大的人力和物力,因此实船测量试验很难成为研究冰桨接触的理想方法。

模型试验测量方法能够很好地克服实船测量的缺点,并且能够很好地控制试验测量条件。早期主要基于相关的二维类似桨叶形状工具的系列模型试验。1991 年,R. P. Browne

等[67]开展了普通桨和导管桨上的冰载荷作用机理的研究,获得的模型试验结果与实船试验吻合度较好。1996 年,A. Morin 等[68]引进激光传感器,开展了桨叶不同位置处的冰载荷的测量。1998 年,H. Soininen[50]以 M. S. Gudingen 的螺旋桨为原型,将刀片状的工具与单摆相连,用于模拟螺旋旋转过程中桨叶载荷的测量,开展了系列的模型试验。S. Searle 等[69]和 C. Moores 等[70]分别在 1999 年和 2002 年于加拿大海洋技术研究所(IOT)冰水池,用人工冷冻 EG/AD/S 模型冰进行冰桨接触模型试验,测得螺旋桨受到的推力和转矩,变化进速系数研究其推力系数与转矩系数的影响。J. Wang 等[71-72]在 2005—2008 年做了一系列冰池螺旋桨模型试验,如图 1-23 所示,选用不同的冰型研究了冰阻对螺旋桨水动力性能的影响,并不断改进数值方法分析桨-冰相互作用,得到的预报数据与试验结果能较好吻合,研究表明桨-冰相互作用载荷受螺旋桨的几何参数、进速系数、攻角和桨的铣削深度等因素的影响较明显。

图 1-23　冰池螺旋桨模型试验

2008 年,M. M. Karulina 等[73]在冰水池中开展了冰桨接触模型试验及船桨一体的模型试验,并对螺旋桨受到冰载荷的激振力特性进行分析,发现冰桨接触冰载荷对螺旋桨诱导的激振力有很大影响。2014 年,T. J. Huisman 等[74]进行了冰桨接触下的泡沫塑料模型冰模拟试验,测定冰桨接触过程的铣削力,如图 1-24 所示。2017 年,王超等[75]在循环水槽开展了非接触工况下冰桨干扰水动力性能试验研究,测试分析了不同冰桨间距、不同航速条件下螺旋桨的 KT、KQ 均值的变化规律,如图 1-25 所示。2018 年,郭春雨等[76]在空气中和水中分别开展了于不同模型冰推送速度、切削深度、螺旋桨转速和进速系数下冰桨的切削试验,测量了螺旋桨的推力和扭矩,如图 1-26 所示。

图 1-24　冰桨接触模拟试验

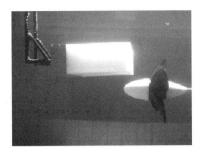

图 1 - 25 冰桨干扰水动力性能试验

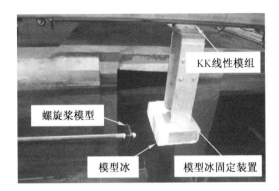

图 1 - 26 冰桨切削试验装置

# 参考文献

[1] 贾桂德,石午虹. 对新形势下中国参与北极事务的思考[J]. 国际展望,2014(4):5-28.

[2] 叶江. 试论北极事务中地缘政治理论与治理理论的双重影响[J]. 国际观察,2013(2):32-38.

[3] 孙文林,王超,康瑞,等. 冰区航行船舶推进系统设计的若干考虑[J]. 船舶工程,2015,37(9):31-36.

[4] 张东江. 北极航区分析及极区船舶总体性能研究 [D]. 哈尔滨:哈尔滨工程大学,2012.

[5] HU Z K,GUI H B,XIA P P. Dynamic response analysis of the collision between ice and propeller at high speed[C]. Shanghai:China Ship Scientific Research Center,2013.

[6] VROEGRIJK E J,CARLTON J S. Challenges in modelling propeller-ice interaction[C] // ASME 2014 33rd International Conference on Ocean,Offshore and Arctic Engineering,June 8 - 13,2014,American Society of Mechanical Engineers,San Francisco,California,USA. New York:ASME,c 2014:28-30.

[7] TUOVINEN P. The size distribution of ice blocks in a broken channel[D]. Helsinki:Helsinki University of Technology,1979.

[8] 张明元,杨国金. 辽东湾北岸海冰物理力学性质[J]. 中国海上油气(工程),1999,11(4):13-20.

[9] WEEKS W F,ASSUR A. The mechanical properties of sea ice [J]. Journal of energy resources technology,1967,101(3):196-202.

[10]　CHAPMAN W L,WALSH J E. Recent variations of sea ice and air temperature in high latitudes[J]. Bulletin of the American Meteorological Society,1993,74(1): 33 – 47.

[11]　TIMCO G W,WEEKS W F. A review of the engineering properties of sea ice[J]. Cold regions science and technology,2010,60(2): 107 – 129.

[12]　COX G F N,WEEKS W F. Salinity variations in sea ice[J]. Journal of Glaciology,1974, 13(67): 109 – 120.

[13]　史庆增,宋安. 海冰静力作用的特点及几种典型结构的冰力模型试验[J]. 海洋学报 (中文版),1994,16(6):133 – 141.

[14]　宋卫东,宁建国. 冰对海洋结构的临界力[J]. 冰川冻土,2003,25(3):351 – 354.

[15]　ZOU B,XIAO J,JORDAAN I J. Ice fracture and spalling in ice-structure interaction[J]. Cold Regions Science and Technology,1996,24(2): 213 – 220.

[16]　BERCHA F G,DANYS J V. Prediction of ice forces on conical offshore structures[C] // The National Academies of Sciences Engineering Medicine,Symposium on Ice Problems Aug. 18 – 21,1975,National Academy of Sciences,Dartmouth College,Hanover,New Hampshire,USA. Hanover: NASEM,c1975: 18 – 21.

[17]　FREDERKING R. Dynamic ice forces on an inclined structure[M]. Berlin: Heidelberg Springer,1980.

[18]　李志军,张丽敏,卢鹏,等. 渤海海冰孔隙率对单轴压缩强度影响的实验研究[J]. 中国科学:技术科学,2011(10):1 329 – 1 335.

[19]　季顺迎,王安良,苏洁,等. 环渤海海冰弯曲强度的试验测试及特性分析[J]. 水科学进展,2011,22(2):266 – 272.

[20]　SHAZLY M,PRAKASH V,LERCH B A. High strain-rate behavior of ice under uniaxial compression[J]. International Journal of Solids and Structures,2009,46(6): 1 499 – 1 515.

[21]　岳前进,任晓辉,陈巨斌. 海冰韧脆转变实验与机理研究[J]. 应用基础与工程科学学报,2005,13(1): 35 – 42.

[22]　FREDERKING R W,TIMCO G W. Quantitative analysis of ice sheet failure against an inclined plane[J]. Journal of Energy Resources Technology,1985,107(3):381 – 387.

[23]　BARRETTE P D,PHILLIPS R,CLARK J I,et al. Flexural behavior of model sea ice in a centrifuge[J]. Journal of cold regions engineering,1999,13(3): 122 – 138.

[24]　SAEKY H,ONO T,ZONG N E,et al. Experimental study on direct shear strength of sea ice[J]. Annals of Glaciology,1985(6):218 – 221.

[25]　胡荣. 冰与直立结构挤压破坏时的极值静冰力[D]. 大连:大连理工大学,2006.

[26]　LU W J,LUBBAD R,LØSET S. Simulating ice-sloping structure interactions with the cohesive element method[J]. Journal of Offshore Mechanics and Arctic Engineering-transactions of The ASME,2014,136(3): 1 – 16.

[27]　BELYTSCHKO T,BLACK T. Elastic crack growth in finite elements with minimal remeshing [J]. International journal for numerical methods in engineering,1999,45(5): 601 – 620.

[28]　GUTFRAIND R,SAVAGE S B. Flow of fractured ice through wedge-shaped channels: smoothed particle hydrodynamics and discrete-element simulations [J]. Mechanics of

materials,1998,29(1): 1 – 17.

[29] SHEN H T,SU J,LIU L. SPH simulation of river ice dynamics[J]. Journal of Computational Physics,2000,165(2): 752 – 770.

[30] 王刚. 中小尺度海冰动力学的粘弹—塑性本构模型及 SPH 数值模拟[D]. 大连:大连理工大学,2007.

[31] LAU M,SIMÕESRÉ A. Performance of survival craft in ice environments[C]// ICETECH 2006,proceedings of the 8th international conference and exhibition on Performance of ships and structures in ice,J July 16 – 19,2006,Banff,AB,Canada: ICETECH,c2006:1 – 9.

[32] 季顺迎,狄少丞,李正,等.海冰与直立结构相互作用的离散单元数值模拟[J].工程力学,2013,30(1): 463 – 469.

[33] 季顺迎,李紫麟,李春花,等.碎冰区海冰与船舶结构相互作用的离散元分析[J].应用力学学报,2013,30 (4): 520 – 526.

[34] 李紫麟,刘煜,孙珊珊,等.船舶在碎冰区航行的离散元模型及冰载荷分析[J].力学学报,2013,45(6): 868 – 877.

[35] HUANG D,LU G,QIAO P. An improved peridynamic approach for quasi-static elastic deformation and brittle fracture analysis[J]. International Journal of Mechanical Sciences, 2015(94 – 95):111 – 122.

[36] SILLING S A. Reformulation of elasticity theory for discontinuities and long-range forces [J]. Journal of the Mechanics and Physics of Solids,2000,48(1): 175 – 209.

[37] SILLING S A,BOBARU F. Peridynamic modeling of membranes and fibers[J]. International Journal of Non-Linear Mechanics,2005,40(2):395 – 409.

[38] SILLING S A,EPTON M,WECKNER O,et al. Peridynamic states and constitutive modeling[J]. Journal of Elasticity,2007,88(2):151 – 184.

[39] 黄丹,卢广达,刘一鸣,等.混凝土板裂纹扩展的近场动力学建模分析[C]//中国力学学会计算力学大会.固体力学研讨分会场,8 月 10—13 日,2014,中国力学学会计算力学专业委员会,贵阳,贵州.北京:CCCM,c2014: 1 – 7.

[40] 沈峰,章青,黄丹,等.冲击荷载作用下混凝土结构破坏过程的近场动力学模拟[J].工程力学,2012(S1):12 – 15.

[41] 章青,顾鑫,郁杨天.冲击载荷作用下颗粒材料动态力学响应的近场动力学模拟[J].力学学报,2016,48(1):56 – 63.

[42] ZHAO G L,XUE Y Z,LIU R W,et al. Numerical simulation of ice load for icebreaker based on peridynamic[C]//American Society of Mechanical Engineers,Proceedings of the ASME 2016 35th International Conference on Ocean,Offshore and Arctic Engineering,June 19 – 24, 2016,Busan,South Korea. New York:ASME,c 2016:56 – 62.

[43] LIU M,WANG Q,LU W. Peridynamic simulation of brittle-ice crushed by a vertical structure[J]. International Journal of Naval Architecture & Ocean Engineering,2017,9 (2): 209 – 218.

[44] WANG Q,WANG Y,ZAN Y,et al. Peridynamics simulation of the fragmentation of ice cover by blast loads of an underwater explosion[J]. Journal of Marine Science &

Technology,2018,23(1):52 –56.

[45] HUISMAN T J. Optimization of ice-class ship propellers[D]. Delft: Technology University Delft,2015.

[46] WANG J,AKINTURK A,JONES S J,et al. Ice loads acting on a model podded propeller blade (OMAE2005 –67416)[J]. Journal of offshore mechanics and Arctic engineering, 2007,129(3): 236 –244.

[47] WANG J,AKINTURK A,BOSE N. An overview of model tests and numerical predictions for propeller-ice interaction [C]// The 8th Canadian Marine Hydrodynamics and Structures Conference,October 16 –17,2007,St. John's,Newfoundland,Canada. Newfoundland: CMHSC, c2007: 1 –9.

[48] JONES S J,SOININEN H,JUSSILA M,et al. Propeller-ice interaction[J]. Transactions-Society of Naval Architects and Marine Engineers,1997,105: 399 –425.

[49] BATTO R A, SCHULSON E M. On the ductile-to-brittle transition in ice under compression[J]. Acta Metallurgica EtMaterialia,1993,41(7): 2 219 –2 225.

[50] SOININEN H. A propeller-ice contact model[D]. Espoo: Technical Research Centre of Finland,1998.

[51] POLIĆ D,EHLERS S,AESOY. Propeller torque load and propeller shaft torque response correlation during ice-propeller interaction [J]. Journal of Marine Science and Application,2017,16(1): 1 –9.

[52] KOTRAS T,HUMPHREYS D,BAIRD A,et al. Determination of propeller-ice milling loads [J]. Journal of Offshore Mechanics and Arctic Engineering,1987,109(2): 193 –199.

[53] VEITCH B. Predictions of ice contact forces on a marine screw propeller during the propeller-ice cutting process [J]. National Academies of Sciences, Engineering, and Medicine,1995,118: 1 –110.

[54] VEITCH B. Predictions of propeller loads due to ice contact[J]. International shipbuilding progress,1997,44(439): 221 –239.

[55] DOUCET J,LIU P,BOSE N,et al. Numerical prediction of ice-induced loads on ice-class screw propellers using a synthesized contact/hydrodynamic code: OERC –1998 –004 [R]. Newfoundland: Ocean Engineering Research Centre,1998.

[56] SOININEN H. A propeller-ice contact Model [D]. Espoo: Helsinki University of Technology,1998.

[57] WANG J. Prediction of propeller performance on a model podded propulsor in ice (propeller ice interaction) [D]. Newfoundland:Memorial University,St. Johns,2007.

[58] WANG J,AKINTURK A,BOSE N. Numerical prediction of model podded propeller-ice interaction loads [C]//American Society of Mechanical Engineers, Proceedings of the ASME 2006 25th International Conference on Ocean, Offshore and Arctic Engineering, June 4 –9,2006,Hamburg,Germany. New York: ASME,c 2016: 667 –674.

[59] WANG J,AKINTURK A,BOSE N. Numerical prediction of propeller performance during propeller-ice interaction[J]. Marine Technology,2009,46(3): 123 –139.

[60] 胡志宽. 冰载荷下螺旋桨静力分析及冰与桨碰撞动力响应研究[D]. 哈尔滨: 哈尔滨

工业大学,2014.

[61] 孙文林.冰区船舶螺旋桨强度的规范方法校核[D].哈尔滨:哈尔滨工程大学,2016.

[62] 王国亮.冰—桨—流相互作用下的螺旋桨水动力性能研究[D].哈尔滨:哈尔滨工程大学,2016.

[63] 王锡栋.极地船舶与推进装置的冰载荷数值预报分析[D].哈尔滨:哈尔滨工程大学,2017.

[64] WANG C,SUN S X,CHANG X,et al. Numerical simulation of hydrodynamic performance of ice class propeller in blocked flow-using overlapping grids method [J]. Ocean Engineering,2017(141):418 -426.

[65] YE L Y,WANG C,CHANG X,et al. Propeller-ice contact modeling with peridynamics [J]. Ocean Engineering,2017(139):54 -64.

[66] WANG C,XIONG W P,CHANG X,et al. Analysis of variable working conditions for propeller-ice interaction[J]. Ocean Engineering,2018(156):277 -293.

[67] BROWNE R P,KEINONEN A,SEMERY P. Ice loading on open and ducted propellers [C]// International Society of Offshore and Polar Engineers,The First International Offshore and Polar Engineering Conference,August 11 - 16,1991,Edinburgh,UK. Edinburgh:ISOPE,c1991:1 -7.

[68] MORIN A,CARON S,VAN NESTE R,et al. Field monitoring of the ice load of an icebreaker propeller blade using fiber optic strain gauges[C]// Smart Structures and Materials,Symposium on Smart Structures and Materials. May 30,1996,San Diego, California,United States. San Diego:SSM,c1996:427 -438.

[69] SEARLE S,VEITCH B,BOSE N,et al. Ice-class propeller performance in extreme conditions. Discussion. Authors' closure[J]. Transactions-Society of Naval Architects and Marine Engineers,1999(107):127 -152.

[70] MOORES C,VEITCH B,BOSE N,et al. Multi-component blade load measurements on a propeller in ice[J]. Transactions of the Society of Naval Architects and Marine Engineers, 2002( 110):169 -188.

[71] WANG J,AKINTURK A,JONES S J,et al. Ice loads acting on a model podded propeller blade (OMAE2005 -67416)[J]. Journal of offshore mechanics and Arctic engineering, 2007,129(3):236 -244.

[72] WANG J,AKINTURK A,BOSE N,et al. Experimental study on a model azimuthing podded propulsor in ice[J]. Journal of Marine science and Technology,2008,13(3):244 -255.

[73] KARULINA M M,KARULIN E B,BELYASHOV V A,et al. Assessment of periodical ice loads acting on screw propeller during its interaction with ice [C]//International Conference and Exhibition on Performance of Ships and Structures in Ice,The proceedings of ICETECH 2008,July 20 - 23,2008,Banff,Canada. Calgary:ICETECH,c2008:1 -7.

[74] HUISMAN T J,BOSE R W,BROUWER J,et al. Interaction between warm model ice and a propeller[C]// American Society of Mechanical Engineers,Proceedings of the ASME 2014 33th International Conference on Ocean,Offshore and Arctic Engineering,June 8 - 13,2014,San Francisco,California,USA. New York:ASME,c 2014:1 -11.

［75］ 王超,叶礼裕,常欣,等.非接触工况下冰桨干扰水动力载荷试验［J］.哈尔滨工程大学学报,2017,38(08):1 190 – 1 196

［76］ 郭春雨,徐佩,赵大刚,等.螺旋桨 – 冰切削过程中接触载荷试验［J］.哈尔滨工程大学学报,2018,39(07):1 172 – 1 178.

# 第 2 章　冰载荷计算中的近场动力学理论

## 2.1　概　　述

近场动力学(Peidynamics,PD)的基本理论由美国 Sandia 国家实验室的 S. Silling[1]在 2000 年提出,并在其 2007 年的一篇论文中进行了拓展完善[2]。早期的近场动力学理论称为"bond – based"理论,这一理论在对均匀各向同性材料模拟时面临着泊松比的限制这一先天缺陷,并且这一模型也无法对固体的体积膨胀和形状变化加以区别;完善之后的近场动力学理论称为"state – based"理论,克服了"bond – based"理论的上述缺陷,而将其作为一种特殊情况包含在内。本书将完善前后的理论分别翻译为键型(bond – based)近场动力学理论和状态型(state – based)近场动力学理论。近场动力学理论不再基于连续性假设,以及空间微分方程求解力学问题,其基本思想是以非局部作用的积分模型代替传统理论的微分模型,因此避免了传统理论遇到的非连续奇异性问题,而且理论上对于非局部作用域的尺寸并没有特别的要求。这使得近场动力学理论可以描述从连续到不连续,从微观到宏观的一系列力学行为。可以说近场动力学理论为涉及非连续和非局部力的问题提供了一个统一的模型[3]。

海冰与结构物接触过程中涉及大量裂纹、冰块破碎断裂等非连续问题,针对冰载荷计算方面,使用常规的有网格方法在处理此类不连续问题时数值解存在奇异性,得到的仿真结果往往都不大理想。而近场动力学方法作为一种无网格方法,在处理此类问题时存在天然的优势,能够很好地用于模拟冰的冲击问题。其中,Q. Wang 等[4]将近场动力学应用于模拟研究水下爆炸产生的冲击波对冰体破坏的影响,对炸药当量及冲击波的影响范围开展了进一步的研究。M. H. LIU 等[5]应用近场动力学方法开展了圆柱和平整冰的相互作用、冰的三点弯曲作用、棱锥与海冰的相互作用研究,发现圆柱体对海冰的破坏范围和柱体直径存在正相关关系。L. Ye 等[6]开展了冰桨切削作用的近场动力学方法模拟,证明了该方法在模拟海冰挤压和剪切破坏方面的有效性。

本章详细介绍了近场动力学方法的基础理论,系统地推导了该方法的运动方程,论述了近场动力学的数值计算方法,并在此基础之上,以 K. S. Carney 等[7]的冰柱冲击实验和 J. D. Tippmann 等[8]的球型冰冲击实验为例,建立冰冲击问题近场动力学数值计算模型,验证近场动力学方法用于解决冰冲击问题的可行性。

## 2.2　近场动力学的原理和分类

近场动力学是非局部连续方法,它以积分的形式构建物体的运动方程。近场动力学方法将物体离散成一系列具有独立的质量、占有独立空间的物质点,而反过来大量物质点又能构成了一个连续体。物体的位移需要考虑物体内物质点和其他物质点的接触作用。然而,物质点间的作用超出一定的近场域范围 $h_x$ 就会消失。作用范围受到近场域半径大小 $\delta$ 控制,近场域半径增大,作用范围也增大。对每个物质点进行影响区域粒子的积分计算,求得物质点所受到的力、加速度、速度及破坏程度等物理量,进而获得整个计算物体的运动和变形特点。由于该方法是以积分方程的形式表达的,而不是应用偏微分方程进行求解,能够很好地避免经典连续介质力学求解断裂问题的困难。因此,近场动力学方法非常适合于求解结构和材料的大尺度变形问题,例如裂缝形成和结构破坏等。本章主要介绍键型(bond – based)近场动力学理论和状态型(state – based)近场动力学理论。

# 2.3　键型近场动力学的基本理论

## 2.3.1　近场动力学运动方程

近场动力学在求解物体的运动和变形时,首先需要将一个连续的物体离散成一系列物质点,如图 2 – 1 所示。任意一个物质点会与其距离 $\delta$ 范围内的物质点以"键"形式发生力的相互作用,而在领域范围以外的物质点与其不发生任何相互作用。这里将与当前物质点相互作用的所有其他物质点统一定义为 $H_x$。

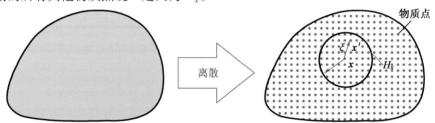

**图 2 – 1　物质点 $x$ 与其临近物质点 $x'$ 相互作用**

所有物质点均采用拉格朗日法来描述。为了方便讨论,将未发生变形的物质点的坐标定义为 $x_{(k)}$,具有一定体积 $V_{(k)}$ 和质量密度 $\rho_{(k)}$。物质点可能受到体载荷的作用发生运动和变形。为此,在笛卡尔坐标系下,将物质点 $x_{(k)}$ 的体载荷和位移分别定义为 $\boldsymbol{u}_{(k)}$ 和 $\boldsymbol{b}_{(k)}$,而变形后的物质点坐标定义为 $y_{(k)}$。

对于两个相互作用的物质点 $x_{(k)}$ 和 $x_{(j)}$,变形前相对位置为 $x_{(k)} - x_{(j)}$,变形后的相对位置为 $y_{(k)} - y_{(j)}$。那么物质点 $x_{(k)}$ 和 $x_{(j)}$ 的伸长率可由下式定义:

$$s_{(k)(j)} = \frac{(\,|\,y_{(k)} - y_{(j)}\,| - |\,x_{(k)} - x_{(j)}\,|\,)}{|\,x_{(k)} - x_{(j)}\,|} \tag{2 - 1}$$

$x_{(k)}$ 变形后物质点 $y_{(k)}$ 与其领域范围内的所有物质点的相对位置可表示为数组 $Y$

$$Y(x_{(k)}, t) = \begin{pmatrix} y_{(k)} - y_{(1)} \\ y_{(k)} - y_{(2)} \\ \vdots \end{pmatrix} \tag{2 - 2}$$

物质点 $x_{(k)}$ 将与其领域内的物质点 $x_{(j)}$ 以近场力的形式相互作用。这里将力密度的向

量 $\boldsymbol{t}_{(j)(k)}$ 定义成物质点 $x_{(j)}$ 施加于 $x_{(k)}$ 上的力。类似地,力密度向量 $\boldsymbol{t}_{(k)(j)}$ 为物质点 $x_{(k)}$ 施加于 $x_{(j)}$ 上的力。物质点 $x_{(k)}$ 与其领域范围内的所有物质点相关力密度向量可表示为数组 $T$。

$$T(x_{(k)},\boldsymbol{t}) = \begin{pmatrix} \boldsymbol{t}_{(k)(1)} \\ \boldsymbol{t}_{(k)(2)} \\ \vdots \end{pmatrix} \tag{2-3}$$

两个相互作用的物质点 $x_{(k)}$ 和 $x_{(j)}$ 可通过微观势能 $w_{(k)(j)}$ 来描述,该参数与材料的特性和物质点 $x_{(k)}$ 与其他物质点之间的键伸长率有关。$x_{(k)(j)}$ 是标量函数,由于物质点 $x_{(k)}$ 和物质点 $x_{(j)}$ 所处领域不同,因此 $w_{(k)(j)} \neq w_{(j)(k)}$。微观势可表示为

$$w_{(k)(j)} = w_{(k)(j)}(\boldsymbol{y}_{(1k)} - y_{(k)}, \boldsymbol{y}_{(2k)} - y_{(k)}, \cdots) \tag{2-4}$$

$$w_{(j)(k)} = w_{(j)(k)}(\boldsymbol{y}_{(1j)} - y_{(j)}, \boldsymbol{y}_{(2j)} - y_{(j)}, \cdots) \tag{2-5}$$

式中,$\boldsymbol{y}_{(1k)}$ 是第一个物质点 $x_{(k)}$ 的位置矢量;同理,$\boldsymbol{y}_{(1j)}$ 是第一个物质点 $x_{(j)}$ 的位置矢量

物质点 $x_{(k)}$ 的应变能密度 $W_{(k)}$ 可表示微观势 $w_{(k)(j)}$ 的总和,即

$$W_{(k)} = \frac{1}{2} \sum_{j=1}^{\infty} \frac{1}{2} \big[ w_{(k)(j)}(\boldsymbol{y}_{(1k)} - y_{(k)}, \boldsymbol{y}_{(2k)} - y_{(k)}, \cdots) +$$

$$w_{(j)(k)}(\boldsymbol{y}_{(1j)} - y_{(j)}, \boldsymbol{y}_{(2j)} - y_{(j)}, \cdots) \big] V_{(j)} \tag{2-6}$$

这里需要注意的是,当 $k=j$ 时,$w_{(k)(j)} = 0$。

根据虚功原理可推导出物质点 $x_{(k)}$ 的运动方程,即

$$\delta \int_{t_0}^{t_1} (T - U) \mathrm{d}t = 0 \tag{2-7}$$

式中,$T$ 和 $U$ 分别为物体的总动能和总势能。求解拉格朗日方程以证明近场动力学方法的运动方程满足虚功原理:

$$\frac{\mathrm{d}}{\mathrm{d}t}\left(\frac{\partial L}{\partial \boldsymbol{u}_{(k)}}\right) - \frac{\partial L}{\partial \boldsymbol{u}_{(k)}} = 0 \tag{2-8}$$

而物体内总动能与总势能可通过全部物质点的求和得到

$$T = \sum_{i=1}^{\infty} \frac{1}{2} \rho_{(i)} \boldsymbol{u}_{(i)} \cdot \boldsymbol{u}_{(i)} V_{(i)} \tag{2-9}$$

$$U = \sum_{i=1}^{\infty} W_{(i)} V_{(i)} - \sum_{i=1}^{\infty} (b_{(i)} \cdot \boldsymbol{u}_{(i)}) V_{(i)} \tag{2-10}$$

将式(2-6)代入到式(2-10)中,得

$$U = \sum_{i=1}^{\infty} \left\{ \frac{1}{2} \sum_{j=1}^{\infty} \frac{1}{2} \big[ w_{(k)(j)}(\boldsymbol{y}_{(1k)} - y_{(k)}, \boldsymbol{y}_{(2k)} - y_{(k)}, \cdots) + \right.$$

$$\left. w_{(j)(k)}(\boldsymbol{y}_{(1j)} - y_{(j)}, \boldsymbol{y}_{(2j)} - y_{(j)}, \cdots) \big] V_{(j)} - (\boldsymbol{b}_{(i)} \cdot \boldsymbol{u}_{(i)}) \right\} V_{(i)} \tag{2-11}$$

根据式(2-11),有关物质点 $x_{(k)}$ 的拉格朗日符号 $L$ 可表示为

$$L = \cdots + \frac{1}{2} \rho_{(i)} \boldsymbol{u}_{(i)} \cdot \boldsymbol{u}_{(i)} V_{(i)} + \cdots - \frac{1}{2} \sum_{j=1}^{\infty} \left\{ \frac{1}{2} \big[ w_{(k)(j)}(\boldsymbol{y}_{(1k)} - y_{(k)}, \boldsymbol{y}_{(2k)} - y_{(k)}, \cdots) + \right.$$

$$\left. w_{(j)(k)}(\boldsymbol{y}_{(1j)} - y_{(j)}, \boldsymbol{y}_{(2j)} - y_{(j)}, \cdots) \big] V_{(j)} \right\} V_{(k)} \cdots -$$

$$\frac{1}{2} \sum_{i=1}^{\infty} \left\{ \frac{1}{2} \big[ w_{(i)(k)}(\boldsymbol{y}_{(1i)} - y_{(i)}, \boldsymbol{y}_{(2i)} - y_{(i)}, \cdots) + \right.$$

$$w_{(k)(i)}\left(\boldsymbol{y}_{(1^k)} - y_{(k)}, y_{(2^k)} - y_{(k)}, \cdots\right)\big]V_{(i)}\Big\}V_{(k)} \cdots + \left(\boldsymbol{b}_{(k)} \cdot \boldsymbol{u}_{(k)}\right)V_{(k)} \cdots \qquad (2-12)$$

式(2-12)进一步简化为

$$L = \cdots + \frac{1}{2}\rho_{(i)}\boldsymbol{u}_{(i)} \cdot \boldsymbol{u}_{(i)}V_{(i)} + \cdots - \frac{1}{2}\sum_{j=1}^{\infty}\left\{w_{(k)(j)}\left(\boldsymbol{y}_{(1^k)} - y_{(k)}, \boldsymbol{y}_{(2^k)} - y_{(k)}, \cdots\right)V_{(j)}V_{(k)}\right\}\cdots -$$

$$\frac{1}{2}\sum_{j=1}^{\infty}\left\{w_{(j)(k)}\left(\boldsymbol{y}_{(1^j)} - y_{(j)}, \boldsymbol{y}_{(2^j)} - y_{(j)}, \cdots\right)V_{(j)}V_{(k)}\right\}\cdots + \left(\boldsymbol{b}_{(k)} \cdot \boldsymbol{u}_{(k)}\right)V_{(k)}\cdots$$

$$(2-13)$$

将式(2-13)代入到式(2-8)中,获得物质点 $x_{(k)}$ 的拉格朗日方程:

$$\rho_{(k)}\ddot{\boldsymbol{u}}_{(k)} = \sum_{j=1}^{\infty}\frac{1}{2}\left(\sum_{i=1}^{\infty}\frac{\partial w_{(k)(i)}}{\partial\left(\boldsymbol{y}_{(j)} - y_{(k)}\right)}V_{(i)}\right) - \sum_{j=1}^{\infty}\frac{1}{2}\left(\sum_{i=1}^{\infty}\frac{\partial w_{(i)(k)}}{\partial\left(\boldsymbol{y}_{(k)} - y_{(j)}\right)}V_{(i)}\right) + \boldsymbol{b}_{(k)}$$

$$(2-14)$$

对式(2-14)进行量纲分析,可知 $\dfrac{\partial w_{(k)(i)}}{\partial\left(\boldsymbol{y}_{(j)} - y_{(k)}\right)}$ 表示物质点 $x_{(j)}$ 作用于 $x_{(k)}$ 上的力密度,

而 $\dfrac{\partial w_{(i)(k)}}{\partial\left(\boldsymbol{y}_{(k)} - y_{(j)}\right)}$ 代表物质点 $x_{(k)}$ 作用于 $x_{(j)}$ 上的力密度。从而,式(2-14)可改写为

$$\rho_{(k)}\ddot{\boldsymbol{u}}_{(k)} = \sum_{j=1}^{\infty}\big[\boldsymbol{t}_{(k)(j)}\left(\boldsymbol{u}_{(j)} - \boldsymbol{u}_{(k)}, x_{(j)} - x_{(k)}, t\right) - \boldsymbol{t}_{(j)(k)}\left(\boldsymbol{u}_{(k)} - \boldsymbol{u}_{(j)}, x_{(k)} - x_{(j)}, t\right)\big]V_{(j)} + \boldsymbol{b}_{(k)}$$

$$(2-15)$$

根据力状态表达方式,力密度 $\boldsymbol{t}_{(k)(j)}$ 和 $\boldsymbol{t}_{(j)(k)}$ 可表示为

$$\boldsymbol{t}_{(k)(j)} = T(x_{(k)}, t) < x_{(j)} - x_{(k)} > \qquad (2-16)$$

$$\boldsymbol{t}_{(j)(k)} = T(x_{(j)}, t) < x_{(k)} - x_{(j)} > \qquad (2-17)$$

将式(2-16)和式(2-17)代入式(2-15)可得

$$\rho_{(k)}\ddot{\boldsymbol{u}}_{(k)} = \sum_{j=1}^{\infty}\big[T(x_{(k)}, t) < x_{(j)} - x_{(k)} > - T(x_{(j)}, t) < x_{(k)} - x_{(j)} >\big]V_{(j)} + \boldsymbol{b}_{(k)}$$

$$(2-18)$$

根据微积分理论知识,可将式(2-18)改成积分的形式

$$\rho_{(k)}\ddot{\boldsymbol{u}}(x, t) = \int_{H}\big[T(x, t) < x' - x > - T(x', t) < x - x' >\big]\mathrm{d}H + \boldsymbol{b}(x, t)$$

$$(2-19)$$

或

$$\rho_{(k)}\ddot{\boldsymbol{u}}(\boldsymbol{x}, t) = \int_{H}\big[\boldsymbol{t}(\boldsymbol{u}' - \boldsymbol{u}, x' - x, t) - \boldsymbol{t}'(u - u', x - x', t)\big]\mathrm{d}H + \boldsymbol{b}(x, t)$$

$$(2-20)$$

## 2.3.2　键型近场动力学方法

在一种特殊情况下,为满足角动量守恒定律,两个物质点的力密度向量大小相等且方向相反,不受领域变形影响。那么,力密度矢量可写成如下形式:

$$\boldsymbol{t}(\boldsymbol{u}' - \boldsymbol{u}, x' - x, t) = T(x, t) < x' - x > = \frac{1}{2}C\frac{y' - y}{|y' - y|} = \frac{1}{2}f(\boldsymbol{u}' - \boldsymbol{u}, x' - x, t)$$

$$(2-21)$$

式中,$C$ 是与工程材料常数、伸长率以及近场范围有关的参数。这种特殊成对相互作用力类似于分子间的"键",因此将其称为键型近场动力学。

将式(2−21)代入式(2−20),获得参考坐标系下物质点 $x$ 的近场动力学方法的运动方程:

$$\rho \, \ddot{u}(x,t) = \int_{H_x} f[u(x',t) - u(x,t), x' - x] dV_{x'} + b(x,t) \qquad (2-22)$$

式中,$H_x$ 为所有临近 $x$ 的所有其他物质点所构成的域;$u$ 为物质点 $x$ 的位移;$\rho$ 是材料密度;$f$ 是物质点 $x'$ 和物质点 $x$ 之间相互作用的力密度。由公式(2−20)可知,近场动力学运动方程采用空间积分的形式,因此可以在任何位置处进行计算。为了便于下列表述方便,将两个物质点之间的相对位置定义为 $\xi = x' - x$,两个物质点之间的相对位移定义为 $\eta = u(x',t) - u(x,t)$。于是,两个物质点在 $t$ 时刻的相对位置可表示为 $\xi + \eta$。力密度可以表示为 $f(\eta, \xi)$,其大小依赖于 $\xi$ 和 $\eta$。两个物质点之间的相互作用可称为"键",类似于一对相互作用的弹簧力。近场动力学方法定义了一个尺寸 $\delta$ 近场范围,物质点 $x$ 只与距离 $\delta$ 半径球形域内的物质点 $x'$ 相互作用,即

$$|\xi| > \delta \Rightarrow f(\eta, \xi) = 0 \quad \forall \eta, \xi \qquad (2-23)$$

对于一个连续体,成对的力可视为对物质点之间的相互作用,并且满足线动量和角动量的关系:

$$f(-\eta, -\xi) = -f(\eta, \xi) \quad \forall \eta, \xi \qquad (2-24)$$

$$(\xi + \eta) \times f(\eta, \xi) = 0 \quad \forall \eta, \xi \qquad (2-25)$$

对于微弹性材料,力密度函数满足可微条件:

$$f(\eta, \xi) = \frac{\partial w}{\partial \eta}(\eta, \xi) \quad \forall \eta, \xi \qquad (2-26)$$

式中,$w$ 是微观势,表示单一"键"单位体积的能量,那么某点应变能密度为

$$W = \frac{1}{2} \int_{H_x} w(\eta, \xi) dV_\xi \qquad (2-27)$$

由于微观势 $w$ 仅依赖于位移 $\eta$,有一个标量形式 $\hat{w}$ 满足:

$$\hat{w}(y, \xi) = w(\eta, \xi), y = |\eta + \xi| \qquad (2-28)$$

由式(2−28)可知,微弹性材料两物质点之间相互作用力可视为"弹簧",并依赖于其相对位置 $\xi$。

结合式(2−26)和式(2−28),对于微弹性材料构成的物体,力密度函数可以表示为

$$f(\eta, \xi) = \frac{\xi + \eta}{|\xi + \eta|} f(|\xi + \eta|, \xi) \quad \forall \eta, \xi \qquad (2-29)$$

式中,标量函数 $f$ 可表示为

$$f(y, \xi) = \frac{\partial \hat{w}}{\partial y}(y, \xi) \quad \forall y, \xi \qquad (2-30)$$

由式(2−24)和式(2−28)可得

$$\hat{w}(y, -\xi) = \hat{w}(y, \xi) \qquad (2-31)$$

公式(2−22)与式(2−29)共同构成键型近场动力学材料模型。由于标量函数 $f$ 只与标量 $y$ 相对距离有关而与标量 $y$ 转动无关,力密度函数 $f$ 不表示物质点刚体转动相关量。因此,该材料模型不需要对位移求偏导,没有应变的概念,无法直接表示材料的本构关系。

1. 键型本构

键型近场动力学中力场和位移场的关系主要通过本构力函数来构建。为了更好地模拟变形体裂纹自发形成过程,这里提出键伸长率的概念:

$$s = \frac{|\xi + \boldsymbol{\eta}| - |\xi|}{|\xi|} = \frac{y - |\xi|}{|\xi|} \tag{2-32}$$

式中,$s$ 代表键伸长率,根据键型近场动力学定义当 $s$ 超出极限伸长率 $s_0$ 就发生断裂,物质点间不存在力的作用。对于键型近场动力学,由于在域 $H_x$ 内成对的两个力大小相等,方向共线,对于微弹性材料构成的物体,近场动力学的本构力函数可以表示为

$$f(\boldsymbol{\eta}, \xi) = \frac{\xi + \boldsymbol{\eta}}{|\xi + \boldsymbol{\eta}|} f(|\xi + \boldsymbol{\eta}|, \xi) \qquad \forall \boldsymbol{\eta}, \xi \tag{2-33}$$

在材料发生大尺度变形时,即物质点对的键破坏参数大于某一个值时,可以判定键断裂,物质点对之间失去相互作用,基于这个理论,可以对本构力函数做一定的简化以便运用于计算:

$$f[y(t), \xi] = g[s(t, \xi)\mu(t, \xi)] \tag{2-34}$$

式中,$g$ 是线性标量函数,可定义为

$$g(s) = cs \qquad \forall s \tag{2-35}$$

式中,$s$ 是键伸长率,$c$ 是键常数,可定义为

$$c = \frac{18k}{\pi\delta^4} \tag{2-36}$$

式中,$k$ 是材料体积模量。式(2-34)中 $\mu$ 是物质点对键变形破坏判断常数,当键伸长率大于破坏常数,$\mu = 0$,键发生断裂;反之,$\mu = 1$,键没有断裂,可以定义为

$$\mu(t, \xi) = \begin{cases} 1 & \text{if } s(t', \xi) < s_0 \quad 0 \leq t' \leq t \\ 0 \end{cases} \tag{2-37}$$

对于典型的 PMB(Prototype Micro-elastic Brittle)材料,$s_0$ 可由下式计算得到

$$s_0 = \sqrt{\frac{5G_0}{9k\delta}} \tag{2-38}$$

式中,$G_0$ 为裂缝扩展时的能量释放率。由于某些键断裂之后会引起弹脆性材料的各向异性,为此引入了键的破坏水平参数,用来反映变形后域内键断裂的程度,如下所示。

$$\varphi(x, t) = \frac{\int_{H_x} u(x, t, \xi) \mathrm{d}V_\xi}{\int_{H_x} \mathrm{d}V_\xi} \tag{2-39}$$

2. 海冰 PMB 本构若干改进

很明显冰材料的韧性破坏无法用 PMB 模型来表述,需要对现有本构进行如下的改进:

(1)键断裂不应该仅仅是拉伸引起,应该设置成压缩状态也能引起键的断裂。

(2)键的断裂应该被考虑成损伤积累引起的,是线性和非线性的力学行为,构建的本构模型中本构力函数应该既包括线性行为,即材料的弹性变形,还应该包括非线性行为,即变形键的损伤变形。

PMB 本构函数主要是如下的形式:

$$f(\boldsymbol{\eta}, \xi) = \begin{cases} \dfrac{18E}{\pi\delta^4} \times \dfrac{|\xi + \boldsymbol{\eta}| - |\xi|}{|\xi + \boldsymbol{\eta}|} & (s < s_0) \\ 0 & (s \geq s_0) \end{cases} \tag{2-40}$$

式中,$f$、$\delta$、$s_0$ 分别代表物质点间键力、邻域半径、极限伸长率;$E$ 表示杨氏模量。

R. W. Liu[9] 等对 PMB 本构力函数做出一定的改进,主要是提出了极限压缩率的概念,构建的本构力函数如下:

$$f(\boldsymbol{\eta},\xi) = \begin{cases} \dfrac{18E}{\pi\delta^4} \times \dfrac{|\xi+\boldsymbol{\eta}|-|\xi|}{|\xi+\boldsymbol{\eta}|} & (s_1 < s < s_0) \\ 0 & (s \leqslant s_1, s \geqslant s_0) \end{cases} \tag{2-41}$$

本书参考 R. W. Liu 等的研究在本构力函数中也嵌入了极限键压缩率作为阈值,文中通过参考键的拉伸破坏来定义压缩破坏,针对海冰材料的单轴压缩试验进行近场动力学方法数值模拟,当海冰在受压状态下,海冰物质点间的距离减小,领域范围内两两物质点间键产生压缩变形,当键压缩变形率减小到极限键压缩率时,定义键受到压缩破坏发生断裂。针对海冰压缩强度是拉伸强度 3~5 倍的特点,在计算中给定的极限压缩率一般也应该是极限伸长率的 3~5 倍。本书还考虑了长程力随物质点键长度变化导致强弱变化的影响,邻域物质点距中心物质点越远,长程力的作用越弱;距离越近,长程力的作用越强。引入反映长程力随物质点间距变化的核函数修正项,即将基本的长程力学本构方程改成下式:

$$f(\boldsymbol{\eta},\xi) = \frac{|\boldsymbol{\eta}+\xi|-|\xi|}{|\xi|} c(0,\xi) g(\xi,0) \tag{2-42}$$

式中,$g(\xi,0)$ 表示反映物质点距离中心点位置远近的核函数。本书给定的核函数如下:

$$g(\xi,0) = \left(1 - \left(\frac{\xi}{\delta}\right)^2\right)^2 \tag{2-43}$$

针对冰材料存在独有的不同应变速率下的韧脆性转换现象,在现有本构模型中加入由加载速率不同产生的影响项,以键变形率对时间的比值 $\dot{s}$ 来代替应变率,最终形成能反映冰体特有力学特性的本构模型:

$$f(\boldsymbol{\eta},\xi) = \begin{cases} \begin{rcases} 0 & (s \geqslant s_0) \\ \dfrac{18E}{\pi\delta^4} \times \dfrac{|\xi+\boldsymbol{\eta}|-|\xi|}{|\xi+\boldsymbol{\eta}|}\left[1-\left(\dfrac{|\xi|}{\delta}\right)^2\right]^2 & (s_1 < s < s_0) \\ 0 & (s \leqslant s_1) \end{rcases} \dot{s} \geqslant \overline{scr} \\[3mm] \begin{rcases} 0 & (s \geqslant s_0) \\ \dfrac{18E}{\pi\delta^4} \times \dfrac{|\xi+\boldsymbol{\eta}|-|\xi|}{|\xi+\boldsymbol{\eta}|}\left[1-\left(\dfrac{|\xi|}{\delta}\right)^2\right]^2 & (s_1 < s < s_0) \\ \dfrac{18E}{\pi\delta^4} \times scr_2 \times \left[1-\left(\dfrac{|\xi|}{\delta}\right)^2\right]^2 & (s \leqslant s_1) \end{rcases} \dot{s} < \overline{scr} \end{cases} \tag{2-44}$$

式中,$\overline{scr}$ 表示海冰应变脆性转换点。

# 2.4　状态型近场动力学的基本理论

## 2.4.1　常规状态型本构

常规状态型本构力函数如下式所示:

$$T = t\overline{M} \tag{2-45}$$

式中,$t$ 和 $\overline{M}$ 分别代表力的大小和方向,求解式如下:

$$t = \lambda \frac{3}{m}wx + t\frac{6}{m}we \qquad (2-46)$$

$$M(\xi) = \frac{Y(\xi)}{|Y(\xi)|} \qquad (2-47)$$

式中,常规状态型中力是通过两项相加而成,第一项是近场作用范围 $H_x$ 内所有物质点的形变对力态的影响,第二项是键 $\xi$ 的变形对该点力态的影响。这两项相加得到点 $x$ 关于键 $\xi$ 的力态大小,而变形后力态的方向取变形后的键方向,也就是键变形态 $Y(\xi)$ 的方向。这是因为在常规态状态型本构中,两端点力的方向是由键的变形形态决定的,而力的大小是由各自周围的形变决定,因此,力态的方向沿同一直线方向相反,但是大小不同。

### 2.4.2 非常规状态型本构

在状态型近场动力学中,通过材料的本构关系实现力状态到变形状态的映射,为了获得本构模型,必须先对材料的位移场进行求解得到物质点的局部变形梯度。这和键型近场动力学中形变状态类似,定义了两种非局部形张量,即参考构型的非局部形张量 $K$ 和现时构型的非局部形张量 $B$,计算方法如下。

$$K_{[X,T]} = \int_H w|\xi|(\xi \otimes \xi)\mathrm{d}v_{x'} \qquad (2-48)$$

$$B_{[X,T]} = \int_H w(|\xi|)(Y(\xi) \otimes \xi)\mathrm{d}v_{x'} \qquad (2-49)$$

式中,$w$ 是影响系数,其作用大小依据邻域物质点距中心物质点的远近而定,距离中心物质点越近,影响程度越大,距离中心物质点越远,影响程度越小。其值大小在 $0 \sim 1$ 选取。定义形张量的目的是为了求解物质点的局部形变梯度,求解式如下:

$$F = BK^{-1} \qquad (2-50)$$

获得物质点的局部变形梯度后,结合具体选用的本构关系就可以求得物质点的柯西应力(Caunchy 应力)张量 $\sigma$,由于 Caunchy 应力张量 $\sigma$ 是作用在当前构型上的,假设在当前应力状态下取一个面元 $d_n$,就可以得到作用在该面元上力系的主矢 $\sigma \cdot d_n$,需要强调 $d_n$ 的选取是任意且事先未知的,为了将形变后力系主矢 $\sigma \cdot d_n$ 向形变前折算,需要寻找一个新的二阶张量 $\tau$,能实现如下转换:

$$\tau d_m = \sigma d_n \qquad (2-51)$$

又由于:

$$\sigma d_n = J\sigma(F^{-1})^{\mathrm{T}}d_m \qquad (2-52)$$

因此:

$$\tau d_m = J\sigma(F^{-1})^{\mathrm{T}}d_m \qquad (2-53)$$

记住 $d_m$ 是任意的,因此可得

$$\tau = J\sigma(F^{-1})^{\mathrm{T}} \qquad (2-54)$$

$\tau$ 就是需要寻找的二阶张量,称为 Piola 应力张量,式中,$J$ 为雅克比行列式,$J = \det|F|$ 再经过进一步转换将 Ploar - Kirochhf 应力转换成近场动力学力状态。

$$T(\xi) = w(|\xi|)\tau K^{-1}\xi \qquad (2-55)$$

获得最终的近场动力学力后,经过时间迭代就可以求解出物质点的加速度和速度,以及迭代后的位置。

### 2.4.3　冰材料本构模型对比

几种主要的冰材料不同力学本构模型对比如表 2 - 1 所示。

表 2 - 1　冰材料不同力学本构模型对比

| | 本构方程 | 屈服函数、塑性变形方向判定 | 特征及优缺点 |
|---|---|---|---|
| Hiber 黏塑性本构模型 | $\sigma_n = 2\eta\,\dot{\varepsilon}_n + \left[(\zeta-\eta)\,\dot{\varepsilon}_{kk} - P/2\right]\delta_n$<br>式中：$\sigma_n$、$\dot{\varepsilon}_n$、$\delta_n$ 分别为二维应力张量、应变率张量、Kronecker 算子；$\zeta$、$\eta$ 分别为非线性体积和切变黏性系数 | $F(\sigma_1,\sigma_1,P)$<br>$= (\sigma_1 + \sigma_2 + P)^2 + e^2(\sigma_1 - \sigma_2)^2 - P^2$<br>塑性变形方向遵守正交流动准则 | 特征：应力是应变率的函数，屈服函数也是根据主应变率确定；<br>优点：适合模拟大、中尺度海冰因重叠和堆积导致的塑性变形；<br>缺点：没有考虑海冰脆性破坏的情况，且是基于二维主尺度建立的 |
| Hunke 弹黏塑性本构模型 | $\dot{\varepsilon}_{ij} = \dfrac{1}{e}\dfrac{\partial\sigma_{ij}}{\partial t} + \dfrac{1}{2\eta}\sigma_{ij} + \dfrac{\eta-\zeta}{2\eta\zeta}\sigma_{kk}\delta_n + \dfrac{p}{4\zeta}\delta_n$ | Mohr - Coulmb 准则<br>塑性变形方向遵守正交流动准则 | 特征：将 Hiber 粘塑性模型串联弹性力学行为获得，是对 Hieber 模型的改进；<br>优点：提高海冰数值模拟的计算效率，是当前最好的海冰动力学本构模型之一；<br>缺点：不适合处理小尺度下海冰动力学行为，屈服准则不能控制海冰弹塑性转变过程 |
| 弹塑性本构模型 | 弹性阶段<br>$\sigma = KD_{el}I + 2GD'_e$<br>式中，$K$、$G$、$D_{el}$、$D'_e$ 分别是海冰体积弹性模量、剪切模量、膨胀应变、弹性应变量。<br>塑性阶段<br>$d_\sigma = C^{el}(dD - dD_p)$<br>式中：$C^{el}$、$dD$、$dD_p$ 分别是海冰塑性模量矩阵、弹性应变增量、塑性应变增量 | Mises 屈服准则<br>塑性变形方向遵守正交流动准则 | 特征：独立于黏塑性和黏弹塑性，形式简单，按照弹塑性材料力学性质考虑海冰；<br>优点：只考虑海冰的弹塑性、公式简单，能指导小尺度海冰的弹塑性力学行为；<br>缺点：没有考虑海冰的黏性 |
| PMB 本构模型 | $f(y(t),\xi) = g(s(t,\xi)\mu(t,\xi)$<br>式中，$f$、$g$、$\mu$ 分别是物质点键力函数、力数值大小、键断裂判断函数 | 只考虑海冰弹脆性、不考虑海冰塑性、不存在屈服函数 | 特征：PMB 本构模型是近场动力学方法发展比较成熟的本构模型，应用简单；<br>优点：对海冰脆性行为模拟比较结合实际情况，在冰块裂纹、破碎等不连续问题比较方便；<br>缺点：没有考虑海冰的塑性行为，不适用于低应变率工况 |

# 2.5　近场动力学的数值求解方法

　　近场动力学是一种无网格方法,S. A. Sailing 等[10]在 2001 年对该方法的数值求解进行了详细的阐述。与其他无网格方法相同,近场动力学在数值计算过程中需要对计算模型进行空间离散,从而对近场动力学运动方程进行离散。为了提高计算的效率和精度,需引入可靠的粒子搜索算法、体积修正方法以及边界处理方法等。本节将对近场动力学方法的数值求解计算方法进行阐述。

## 2.5.1　计算模型及运动方程的离散

　　为了便于开展数值计算,需要将连续体离散成物质点,然后对每个物质点进行积分运算。对于一维问题,计算模型可离散成线性子区域;对于二维问题,计算模型可离散成三角形或者四边形子区域;对于三维问题,计算模型可离散成六面体、四面体或者三棱柱等,如图 2 - 2 所示。

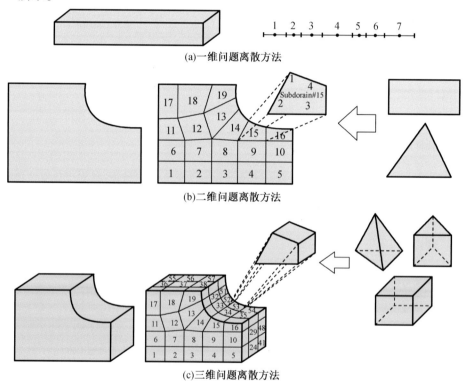

(a)一维问题离散方法

(b)二维问题离散方法

(c)三维问题离散方法

**图 2 - 2　不同维度下计算模型的离散方法**

　　离散后每个物质点 $\boldsymbol{x}_i$ 的运动方程可以表示为

$$\rho\,\ddot{\boldsymbol{u}}_i^n = \sum_j f(\boldsymbol{u}_j^n - \boldsymbol{u}_i^n, x_j - x_i) V_j + \boldsymbol{b}_i^n \qquad (2-56)$$

式中,$n$ 为时间步,下标 $i$ 和 $j$ 代表物质点的编号,$i$ 为要计算的物质点,$j$ 为临近 $x$ 的物质点,

$V_j$ 为物质点 $j$ 的体积。通过公式(2 - 57)可以求得每个物质点的加速度。为了获得每个物质点的位移,可以通过中央差分法计算:

$$\ddot{\boldsymbol{u}}_i^n = \frac{\boldsymbol{u}_i^{n+1} - 2\boldsymbol{u}_i^n + \boldsymbol{u}_i^{n-1}}{\Delta t^2} \tag{2-57}$$

式中,$\Delta t$ 为时间步长。

### 2.5.2　粒子搜索算法

在近场动力学方法中,每一个物质点有半径为 $\delta$ 领域,里面包含的有限物质点将在计算中使用,粒子搜索算法决定了近场动力学方法的计算效率。对于无网格方法,常用的粒子搜索算法有三种。

(1)全配对搜索法

这是一种简单而又直接的粒子搜索法。其原理为:针对每个粒子 $i$,计算其与领域内每一个粒子间的距离 $r$。假如距离 $r$ 小于领域半径 $\delta$,则该粒子与粒子 $i$ 为一对相邻粒子。很明显,这种方法需要在每个时间步内遍历所有粒子,需要耗费很长的时间。因而,这种方法不适合于计算庞大的粒子数量问题。

(2)链表搜索法

链表搜索法的原理为:在计算初期,将计算域划分为尺寸固定的网格单元,并确定网格单元间的连接关系,网格单元的具体尺寸由所选取领域半径 $\delta$ 给定。在计算过程中,网格单元的位置是不变的,在每一迭代步内,将粒子按其位置与所在网格单元一一对应。这种方法只需遍历搜索相邻网格单元内的粒子在本质上和全配对搜索法类似,但由于空间网格单元的设定,极大地缩小了搜索目标范围,进而减少了计算量,缩短了计算时间。

(3)树形搜索法

这种方法是通过粒子位置来构造有序树,而当树形结构形成后,可高效搜索邻近范围内的粒子。这种方法把求解域分裂为很多挂限,使得每个挂限内只有一个粒子,适合于 SPH 方法中变光滑长度的问题。

根据固体连续介质假设理论,物质点在变形后仍有相同的领域成员。因此,在近场动力学方法计算中,仅需进行一次搜索即可,因此本书采用全配对搜索法进行领域粒子的搜索。

### 2.5.3　体积修正方法

近场动力学方法进行数值计算过程是将每个物质点领域范围内的物质点进行体积积分,此积分过程是在 $\xi_{ij} = |x_i - x_j| < \delta$ 条件下进行的。对于三维问题,每个物质点代表的是有限体积的立方体,而物质点的领域范围却是球体,因此领域边界存在不完全处于边界内的物质点。为了消除物质点不完整带来的体积计算误差,需要进行体积修正,将物质点的体积乘以一个修正系数 $\upsilon_j$,那么式(2 - 56)可改写为

$$\rho\, \ddot{\boldsymbol{u}}_i^n = \sum_{j=1}^m f(\boldsymbol{u}_j^n - \boldsymbol{u}_i^n, x_j - x_i)(\upsilon_j V_j) + \boldsymbol{b}_i^n \tag{2-58}$$

式中,$\upsilon_j$ 需满足:

$$\upsilon_j = \begin{cases} 1, & \xi_{ij} < \delta - r \\ \dfrac{(\delta + r - \zeta_{ij})}{2r}, & \delta - r < \xi_{ij} < \delta \end{cases} \tag{2-59}$$

### 2.5.4　边界处理方法

　　近场动力学的边界条件是通过在材料上再施加一个虚拟边界来设定的,将其称为虚拟物质层,可对该边界施加约束条件,并作为材料的实际物质区域处理。根据数值模拟的结构,Macek 和 Sailling 建议最佳虚拟物质层尺寸应与领域半径相同,如图 2 - 3 所示。

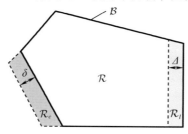

图 2 - 3　边界尺寸要求

　　为保证边界条件对实际材料的影响是平稳过渡的,需要对常用的位移和速度的约束条件进行适当处理。位移的边界条件可按下式施加于虚拟的物质层上:

$$\boldsymbol{u}(x,t) = \begin{cases} \boldsymbol{U}_0 \dfrac{t_0}{t}, & 0 \leqslant t \leqslant t_0 \\ \boldsymbol{U}_0, & t_0 \leqslant t \end{cases} \qquad (2-60)$$

　　速度边界条件可按以下方式施加到虚拟物质层上:

$$\boldsymbol{V}(x,t) = \begin{cases} \boldsymbol{V}_0 \dfrac{t_0}{t}, & 0 \leqslant t \leqslant t_0 \\ \boldsymbol{V}_0, & t_0 \leqslant t \end{cases} \qquad (2-61)$$

式中,$x$ 为物质点位置;$\boldsymbol{U}_0$ 表示虚拟物质层的位移;$\boldsymbol{V}_0$ 表示虚拟物质层速度。

# 2.6　简单冰冲击模型的数值模拟分析

### 2.6.1　冰的力学特性

　　本节对海冰的力学特性进行分析,用以探讨近场动力学模拟冰破坏的适用性,为建立海冰的近场动力学模型提供参考。许多学者已开展了海冰的拉压强度、不同应变率条件下的冰力学特征、冰的破坏模式及冰与结构物作用特征等测试[11-12]。

　　冰主要受到拉伸和压缩载荷的作用。冰的抗拉与抗压强度是不同的,通常抗压强度大约是抗拉强度的3~4倍。冰在拉伸载荷作用下,其拉伸延性基本不变,而破坏模式则为典型的穿晶断裂。冰的拉伸强度基本上和应变率无关,但与晶粒尺寸关系较大,冰的拉伸强度随着晶粒尺寸的细化而增加。压缩破坏是冰破坏的主要形式,比如冰和结构物的挤压破坏,与拉伸破坏相比,压缩破坏形式非常复杂,其屈服强度与应变速率密切相关。当压缩载荷缓慢作用于冰上时,则表现为韧性冰;当压缩载荷快速作用于冰上时,则表现为脆性冰,例如,当冰冲击速度达到 30 m/s 时,其应变率大约是 $10^{-3}$ $s^{-1}$,冰将呈现得像脆性材料特性[13]。当然压缩载荷下的屈服应力与温度、晶粒尺寸等也有关。冰和结构物的作用是一个动态变化过程,冰的破坏并不是突然的,而是一个多步的。实验研究表明,即使冰有了裂纹后也不会立即破坏失效,而是达到一定渗滤阈值后才会失效,将此时的应力称为失效应力。而裂纹通常在所施加的应力达到 0.2 ~ 0.33 倍的失效应力时产生。

　　冰冲击是冰块高速撞击到刚体上的过程。因而,冰冲击问题可看作冰的高速压载的过程且为脆性破坏。下面以球形冰冲击刚性面为例,介绍冰的冲击过程,如图 2 - 4 所示。首先,冰块与刚性面高速碰撞后,冰块将受到刚界面的反作用力,产生应力和应变,从而形成裂纹和局部破坏。随着冰块向前运动,冰块受反作用力将进一步增大,同时冰块上裂纹会沿着与冲击相反的方向纵向扩展,裂纹的数量迅速增加。当压力达到渗滤阈值时,冰块受到应力达到了失效应力,导致整个冰块的破碎。

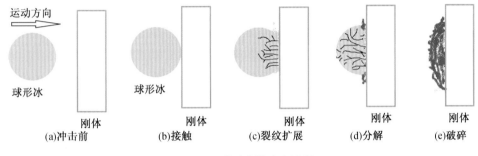

图 2 - 4　球形冰的冲击过程

## 2.6.2　材料模型和破坏准则

　　冰冲击过程中,冲击速度往往大于 30 m/s,其应变率将大于 $10^{-3}$ s$^{-1}$,冰性质表现为弹脆性材料,因而可采用典型的标准微模量脆性(Prototype Micro-elastic Brittle,PMB)材料。为了描述物质点之间键的伸长程度,近场动力学方法使用了非线性弹性材料的键伸长率:

$$s = \frac{|\boldsymbol{\xi} + \boldsymbol{\eta}| - |\boldsymbol{\xi}|}{|\boldsymbol{\xi}|} = \frac{y - |\boldsymbol{\xi}|}{|\boldsymbol{\xi}|} \qquad (2-62)$$

　　当键处于拉伸状态,$s$ 是正值。由于 $s$ 不依赖于 $\xi$ 的方向,因此这种材料是各向同性的。为在材料模型中引入材料破坏的概念,使用了一个比较简单的判定条件,即当某一时刻键伸长率超过一定值时,认为物质点之间的键永久断裂。从此刻起,此对物质点之间力密度为零。该条件可称为近场动力学的破坏准则。因此,对于典型的 PMB 材料,力密度函数可以简化为

$$f[y(t),\xi] = g[s(t,\xi)]\mu(t,\xi) \qquad (2-63)$$

式中,$g$ 是线性标量函数,可定义为

$$g(s) = cs \qquad \forall s \qquad (2-64)$$

式中,$c$ 是均匀各向同性材料标量微模量的常数,定义为

$$c = \frac{18\kappa}{\pi\delta^4} \qquad (2-65)$$

式中,$\kappa$ 是体积模量。式(2-63)中 $\mu$ 是历史变形判断标准,当键伸长率达到破坏准则,键发生断裂,$\mu=0$,反之,$\mu=1$,可以定义为

$$\mu(t,\xi) = \begin{cases} 1 & \text{if } s(t,\boldsymbol{\xi}) < s_0 \text{ for all } 0 \leqslant t' \leqslant t \\ 0 & \text{其他} \end{cases} \qquad (2-66)$$

式中,$s_0$ 为键破坏时键伸长率的极限值,可称为极限伸长率。对于典型的 PMB 材料,$s_0$ 可由

下式计算得到

$$s_0 = \sqrt{\frac{5G_0}{9\kappa\delta}} \qquad (2-67)$$

式中，$G_0$ 为当裂缝扩展时能量的释放率。尽管弹脆性材料在初始条件下是各向同性的，但是有些键断裂之后会引起材料的各向异性，为此引入了键的破坏水平参数

$$\varphi(\boldsymbol{x}, t) = \frac{\int_{H_x} \mu(\boldsymbol{x}, t, \xi) \, \mathrm{d}V_\xi}{\int_{H_x} \mathrm{d}V_\xi} \qquad (2-68)$$

### 2.6.3 冲击冰载荷计算

在研究冰冲击问题时，冰块被离散成物质点的形式，并以一定的速度冲击到刚体上，在 $t$ 时刻，冰块上一些物质点即将与刚体发生接触，如图 2-5（a）所示。在 $t+\Delta t$ 时刻，冰块上一些物质点与刚体发生接触，这些冰物质点会进入刚体内部，然而这与实际情况是不相符的，图 2-5（b）中黑色的粒子为进入刚体内部的物质点。为了能够真实体现冰冲击过程，需要将进入刚体内部的所有粒子的位置重新分配，如图 2-5（c）所示。通常将其分配到临近的刚性界面处，可将此处的刚性界面称为接触面[14]。

在 $t+\Delta t$ 时刻，对于每个与刚体接触的物质点 $x_{(k)}$，将其重新分配位置后的运动速度可通过下式计算得到：

$$\overline{\boldsymbol{v}}_{(k)}^{t+\Delta t} = \frac{\overline{\boldsymbol{u}}_{(k)}^{t+\Delta t} - \boldsymbol{u}_{(k)}^t}{\Delta t} \qquad (2-69)$$

式中，$\overline{\boldsymbol{u}}_{(k)}^{t+\Delta t}$ 为在 $t$ 时刻的重新分配物质点位移；$\boldsymbol{u}_{(k)}^t$ 为在 $t$ 时刻的物质点位移。

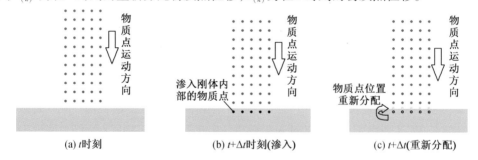

(a) $t$时刻  (b) $t+\Delta t$时刻(渗入)  (c) $t+\Delta t$(重新分配)

图 2-5  物质点的重新分配方案

在 $t+\Delta t$ 时刻，物质点 $x_{(k)}$ 与刚体的接触力通过下式计算得到

$$F_{(k)}^{t+\Delta t} = -1 \times \rho_{(k)} \frac{\overline{\boldsymbol{v}}_{(k)}^{t+\Delta t} - \boldsymbol{v}_{(k)}^{t+\Delta t}}{\Delta t} V_{(k)} \qquad (2-70)$$

式中，$\boldsymbol{v}_{(k)}^{t+\Delta t}$ 为在 $t+\Delta t$ 时刻渗入螺旋桨体内的物质点的速度，$\rho_{(k)}$ 和 $V_{(k)}$ 分别为物质点的密度和体积。将所有物质点对刚体的接触力进行积分，则可获得冰冲击刚性界面的接触冰载荷：

$$F^{t+\Delta t} = \sum_{k=1} \boldsymbol{F}_{(k)}^{t+\Delta t} \lambda_{(k)}^{t+\Delta t} \qquad (2-71)$$

$\lambda_{(k)}^{t+\Delta t}$ 由下式定义：

$$\lambda_{(k)}^{t+\Delta t} = \begin{cases} 1, & 接触 \\ 0, & 不接触 \end{cases} \qquad (2-72)$$

### 2.6.4　冰冲击问题的数值求解过程

在上述介绍的近场动力学理论及其求解冰冲击问题数值方法的基础上,建立了冰冲击问题的数值模型,并采用 FORTRAN 语言开发了冰冲击问题求解程序。该程序能自动完成计算模型的建立,模型离散化及冲击过程动力学计算,采用后处理软件可以动画的形式显示冰冲击的动态过程。该程序的求解过程如下:

(1)读入数据,包括几何参数、材料参数以及冲击速度等。

(2)将冰块离散成物质点形式,并初始化所有物质点密度、体积、速度、加速度等。

(3)确定每个物质点领域范围内所包含的所有物质点,并进行储存。

(4)计算每个物质点的应变能密度及表面修正因子等。

(5)开始时间步迭代,应用近场动力学方法计算物质点的加速度。

(6)通过时间积分获得当前时刻物质点的位移和速度。

(7)判断冰块是否与刚体碰撞,若发生碰撞,更新碰撞物质点的位移和速度,并计算接触力。

(8)判断是否到达最大时间步。若未达到,返回(5);若达到,输出计算结果。

图 2 - 6 给出了冰冲击问题的求解过程。

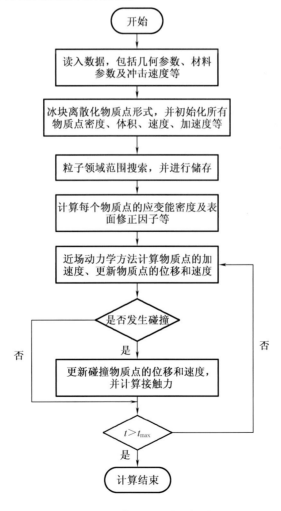

**图 2 - 6　冰冲击问题的求解过程**

### 2.6.5 球形冰冲击过程数值模拟

基于上述建立冰冲击问题数值模型为基础,开展了球形冰撞击刚体过程数值模拟研究。首先,对计算模型的网格无关性和收敛性分析,确保计算精度与效率。然后,将计算结果与实验观察照片和数据进行对比,验证数值模型的可行性。从而验证了近场动力学方法在模拟冰冲击问题的可行性。

1. 计算模型

参考 J. D. Tippmann 等[8]的球形冰冲击实验,建立了球形冰冲击近场动力学数值模型,如图 2 - 7 所示。

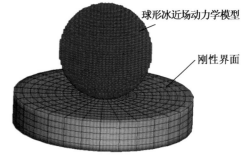

图 2 - 7 球形冰冲击近场动力学模型

球形冰的直径 $D = 61$ mm,将其简化为匀质材料,离散化为近场动力学物质点。冰的近场动力学材料参数为:弹性模量 $E = 1.8$ GPa,泊松比 $\upsilon = 0.25$,密度为 $\rho = 900$ kg/m³。由于受冰冲击的影响,刚性界面变形较小,因而在计算中不考虑刚性界面的变形。由于冰冲击过程中,接触冰载荷远比其他载荷要大,因而忽略了重力、摩擦阻力及气动载荷的影响。

2. 收敛性分析

与其他无网格方法相同,三维近场动力学方法的计算时间与物质点间隔密切相同,随着物质点间隔的减小,计算时间将迅速增加。而且,物质点间隔也直接对计算结果的准确程度有影响。在开展球形冰冲击问题研究之前应首先分析球形冰物质点间隔对计算结果的影响,指导选择合适的物质点间隔,以保证计算准确性且有合适的计算速度。

为了分析物质点间距对计算结果的影响,选取冰的冲击速度 $V = 61.8$ m/s,将球形冰离散成间距分别为 $\Delta x = D/10$、$\Delta x = D/20$、$\Delta x = D/30$ 与 $\Delta x = D/40$ 的物质点形式。图 2 - 8 为球形冰在不同物质点间距下冲击力时历曲线。由图 2 - 8 可知,四条曲线之间有很大区别,尤其是 $t > 0.1$ ms 时,四条曲线最大值所处的位置是不同的。而且,物质点间距 $\Delta x = D/10$ 的冰载荷大小要比其他物质点间距大,随着物质点间距的减小,计算曲线逐渐收敛。物质点间距 $\Delta x = D/30$ 和 $\Delta x = D/40$ 的计算曲线较为一致,可以认为当物质点间距小于 $\Delta x = D/30$ 时,接触冰载荷计算结果基本达到收敛。

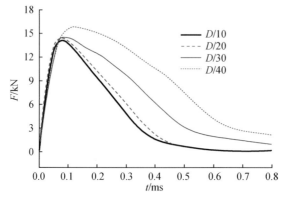

图 2 - 8 不同物质点间距的冲击载荷

图 2 - 9 给出了 $t = 0.1$ ms 时刻不同物质点间距下的球形冰的破碎情况。由图 2 - 9 可

知,球形冰是否生成裂纹与物质点的间距大小有很大的关系。这里需要注意的是,图 2-9 中颜色深度表明了冰粒子的损伤度,蓝色表示冰粒子处于无损状态,红色代表冰粒子处于完全损伤状态。由图 2-9 可知,对于物质点间距为 $\Delta x = D/10$、$\Delta x = D/20$ 两种情况,由于物质点间距过大,无法模拟出球形冰裂纹的生成;对于物质点间距小于 $\Delta x = D/30$ 的球形冰,能够模拟出裂纹的生成;物质点 $\Delta x = D/40$ 时模拟出的裂纹数较多,也较为清晰。从图 2-9 中可以得出这样的规律,随着物质点间距的减小,本书建立的冰冲击数值模型能够更加有效地模拟出冰块裂纹的生成。

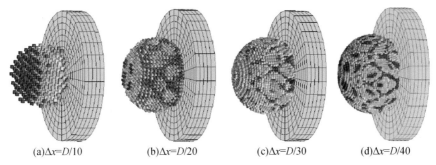

(a)$\Delta x = D/10$     (b)$\Delta x = D/20$     (c)$\Delta x = D/30$     (d)$\Delta x = D/40$

图 2-9 不同物质点间距的球形冰破碎情况

### 3. 方法验证

本节主要从冰载荷和海冰破碎情况两个角度将本书模拟结果与 J. D. Tippmann 的球形冰冲击实验结果进行比较,以验证本书建立的冰冲击模型的有效性。为了确保冰载荷和海冰破碎的准确性,参考上述收敛性分析,选择物质点间距 $\Delta x = D/40$ 开展验证和分析。

参考 J. D. Tippmann 等[8] 的球形冰冲击实验试验工况,本书选取直径为 61 mm 的球形冰,采用上述建立冰冲击数值计算模型开展了 61.8 m/s, 80.4 m/s, 124.9 m/s 和 144.2 m/s 四个工况的数值模拟,将数值计算结果与实验数据进行比较,如图 2-10 所示。从图 2-10 中可知,四个工况下的冰载荷随时间变化曲线与实验结果分布趋势比较相似,接触冰载荷峰值大小基本一致。然而,计算值和实验值的曲线没有完全重合,局部区域有较大的误差,出现误差的原因可能是由于海冰材料的复杂性,导致难以建立与实验用的冰物理和力学性质完全一致的冰模型。

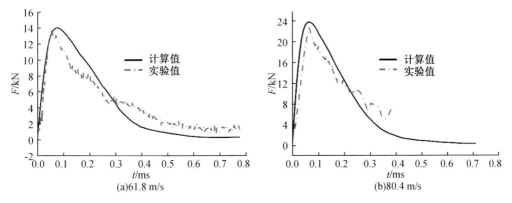

(a)61.8 m/s        (b)80.4 m/s

图 2-10 冰力计算值与实验结果的对比

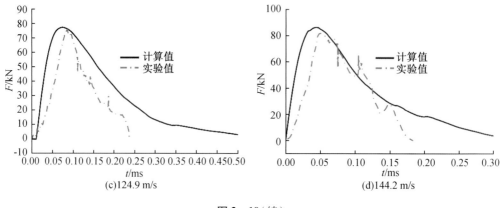

(c)124.9 m/s

(d)144.2 m/s

图 2 – 10(续)

以速度 61.8 m/s 球形冰冲击刚性界面为例,验证本书所建立的数值方法在模拟冰冲击下冰破碎动态过程的可行性。为了更好地进行数值模拟球形冰破碎与实验测量的比较,应尽可能保证数值计算与试验同步比较。图 2 – 11 给出了不同时刻数值模拟的球形冰冲击下冰破碎过程与实验测量结果的对照。通过比对发现,数值模拟结果与实验观察的球形冰的破碎过程比较类似,只是在 $t = 0.76$ ms 时刻存在一些差异,这可能是由于本书计算模型忽略了摩擦阻力等因素的影响,使得破碎后形成的碎冰块会出现反弹。本书模拟球形冰破碎过程与 2.4.1 节描述的现象是一致的。当球形冰与刚性界面接触以后,迅速在接触区域形成裂纹,且裂纹会沿着与冲击速度的反方向扩展,如图 2 – 11(b) ~ 图 2 – 11(d)所示。然后,裂纹充分形成后,球形冰开始分解,如图 2 – 11(e) ~ 图 2 – 11(g)所示。最后,整个球形冰出现了粉碎性破坏,如图 2 – 11(h)所示。

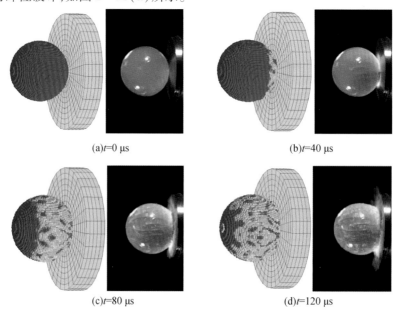

(a)$t$=0 μs  (b)$t$=40 μs

(c)$t$=80 μs  (d)$t$=120 μs

图 2 – 11  球形冰冲击过程计算结果与实验对比

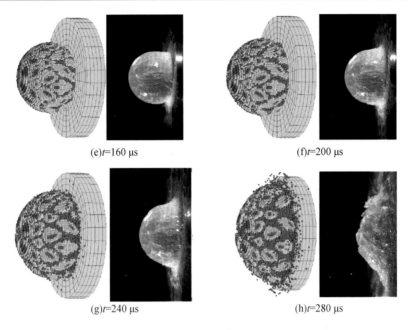

(e)$t=$160 μs　　　　　　　　　(f)$t=$200 μs

(g)$t=$240 μs　　　　　　　　　(h)$t=$280 μs

图 2 - 11（续）

### 2.6.6　柱形冰撞击过程数值模拟

基于上述建立冰冲击问题数值模型为基础,开展了柱形冰撞击刚体过程数值模拟研究。首先,对计算模型的网格无关性和收敛性分析确保计算精度与效率。然后,将计算结果与实验值进行对比,验证数值模型的有效性。从而验证了近场动力学方法在数值模拟冰冲击问题的可行性。

1. 计算模型

参考 K. S. Carney 等[7] 的柱形冰冲击实验模型,建立了柱形冰冲击近场动力学数值模型,如图 2 - 12 所示。

柱形冰的直径为17.46 mm,高度为42.16 mm,将柱形冰简化成匀质材料,离散化为近场动力学物质点。冰的近场动力学材料参数为:弹性模量 $E = 1.8$ GPa,泊松比为 $0.25$,密度为 $900$ kg/m$^3$。与球形冰冲击问题相同,不考虑刚性界面的变形,同时忽略重力、摩擦阻力及气动载荷的影响。

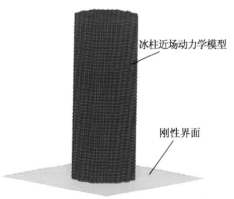

冰柱近场动力学模型

刚性界面

图 2 - 12　柱形冰冲击近场动力学模型

2. 收敛性分析

在开展柱形冰冲击数值方法验证之前,需分析物质点间距对计算结果的影响,从而选择合适的物质点间距,确保计算结果的准确性和计算效率。

选择冲击速度 $V = 61.8$ m/s 为计算工况,将柱形冰离散为物质间距分别为 $\Delta x = D/10$,$\Delta x = D/15$,$\Delta x = D/20$ 及 $\Delta x = D/25$ 的四种情况进行分析。图 2 - 13 给出了柱形冰冲击过程中不同物质点间距下的计算值的比较曲线。由图 2 - 13 可知,物质点间距对计算结果有很大影响,接触冰载荷峰值大小和发生的时间均有不同。随着物质点间距的减小,计算曲线逐渐收敛。物质点间距为 $\Delta x = D/20$ 和 $\Delta x = D/25$ 的两条曲线是基本一致的。由此可知,当物质点间距小于 $\Delta x = D/20$ 时可认为接触冰载荷计算结果基本收敛。

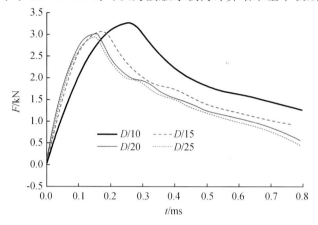

图 2 - 13　不同物质点间距的冲击载荷

为了分析不同物质点间距对冰块破碎情况的影响,给出了 $t = 0.07$ ms 时刻不同物质点间距下的柱形冰破碎图,如图 2 - 14 所示。图 2 - 14 中颜色深度表明了冰粒子的损伤度,蓝色表示冰粒子处于无损状态,红色代表冰粒子处于完全损伤状态。由图 2 - 14 可知,不同物质点间距下柱形冰的破碎特征基本类似,只是破碎程度上有些区别。物质点间距对于柱形冰破碎情况影响较小,这可能与在此工况下冰块表现为粉碎性破坏而无须模拟出裂纹的生成有关。由图 2 - 14 可知,物质点间距小于 $\Delta x = D/20$ 时,柱形冰的破碎情况基本达到稳定。

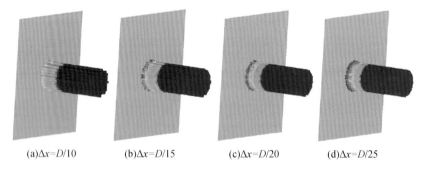

(a)$\Delta x = D/10$　　(b)$\Delta x = D/15$　　(c)$\Delta x = D/20$　　(d)$\Delta x = D/25$

图 2 - 14　不同物质点间距的柱形冰破碎情况

### 3. 方法验证

首先,将本书冰冲击模型计算值与实验测量的接触冰载荷随时间变化规律进行对比分析,实验数据来源于参考文献[15 - 17]。这里选择了冰冲击速度 91.44 m/s 与 152.40 m/s 两种情况开展对比分析。图 2 - 15 给出了两种工况下的计算值与实验值的对比曲线。由图 2 - 15 可知,两种工况下,计算值和实验值的曲线没有完全重合,局部区域存在误差,特别是当 $t > 0.15$ ms 时存在较大偏差,出现误差的原因可能是由于海冰材料的复杂性,无法建立完全一样的冰模型,而且海冰的破坏方式有较大的随机性。另外,从图 2 - 15 中可以看出,与 91.44 m/s 冰冲击速度工况相比,152.40 m/s 冰冲击速度的计算值与实验值吻合度更好,这可能是由于冰冲击速度越大,冰块呈现出粉末性破碎,表现出了流体的特性。相反,冰冲击速度越小,冰块会生成裂纹,而裂纹的生成随机性较大,导致冰载荷变化也有较大的随机性。但是,本书计算值和实验值的曲线分布趋势基本类似,接触冰载荷的峰值基本相当,从而验证了本书方法计算冰冲击载荷的合理性。

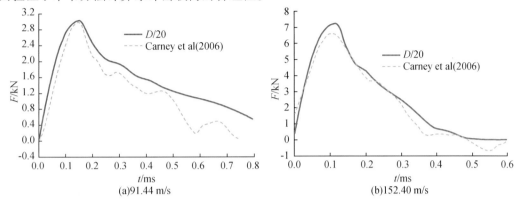

(a)91.44 m/s　　　　　　　　　　　　　　(b)152.40 m/s

图 2 - 15　冰力计算值与实验结果的对比

图 2 - 16 给出了文献中实验测量的柱形冰冲击刚性界面过程中柱形冰的破碎情况,可能是由于冰冲击速度太快无法准确把握测量时间,该文献并未标明每幅图片对应的时刻。由图 2 - 16 可知,柱形冰一旦与刚性界面接触,接触位置的柱形冰迅速出现粉碎性破坏,冰粉末向四周散裂开来,冲击区域附近有类似于粉尘的冰粉末在空气中弥漫。这种破碎特征与上述球形冰的冲击过程有些区别,可能是由于裂纹比较细小,因而图片中柱形冰无法观察到有裂纹形成。可见,冰冲击过程中冰的破坏特征与冲击速度及冰形状均有关系。最后,整个柱形冰粉碎成细小的粉末并附着在刚性界面上。

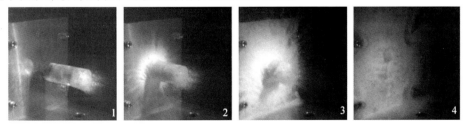

图 2 - 16　实验观测柱形冰冲击过程

图 2 - 17 给出了本书模拟不同时刻的柱形冰破碎情况。通过将本书数值模拟结果与实验观察照片对比,可知本书的数值计算方法能够较真实地模拟出柱形冰的冲击过程,数值模拟的柱形冰破碎特征与实验观察结果基本类似。由图 2 - 17 可知,一旦柱形冰与刚性界面接触,接触位置的冰物质点颜色由蓝色变为红色,表现为完全破损的情况,并向四周散裂开来,从而模拟出了冰冲击过程中冰的粉末性破碎。只是在最后一个阶段,数值模拟结果与实验观察结果有一定区别,可能是本书数值模型忽略了摩擦阻力和黏性的影响导致的。

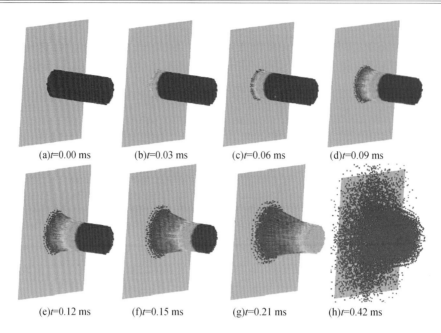

(a)$t$=0.00 ms　　(b)$t$=0.03 ms　　(c)$t$=0.06 ms　　(d)$t$=0.09 ms

(e)$t$=0.12 ms　　(f)$t$=0.15 ms　　(g)$t$=0.21 ms　　(h)$t$=0.42 ms

图 2 – 17　本书计算柱形冰冲击过程

# 2.7　小　　结

　　本章首先给出了近场动力学的基础理论和相关的运动方程,并对其数值求解方法进行介绍,包括运动方程离散、粒子搜索、体积修正及边界处理等方法。在此基础上,建立了用于求解冰冲击问题的数值方法,并开发了相应的计算程序。为了验证冰冲击问题数值模型的有效性,分别开展了球形冰和柱形冰冲击的数值模拟,计算冰载荷随时间变化过程以及模拟冰的破碎过程。开展了网格收敛性验证,分析发现:为了真实模拟出球形冰冲击过程中裂纹生成过程,物质点间距应越小越好,而物质点间距对柱形冰冲击过程冰的破碎影响较小;无论是球形冰还是柱形冰冲击过程模拟,物质点达到一定间距以后冰载荷计算值可收敛。最后,将数值结果与实验数据、实验图片进行了对比,分析表明本书建立的冰冲击数值模型是有效可行的。

## 参考文献

[ 1 ]　SILLING S. Reformulation of elasticity theory for discontinuities and long-range forces[ J ]. Journal of the Mechanics and Physics of Solids,2000,48(1):175 – 209.

[ 2 ]　SILLING S. EPTON M,WECKNER O,et al. Peridynamic states and constitutive modeling [ J ]. Journal of Elasticity,2007,88(2):151 – 184.

[ 3 ]　乔丕忠,张勇,张恒,等. 近场动力学研究进展[ J ].力学季刊,2017,38(1):1 – 13.

[ 4 ]　WANG Q ,WANG Y ,ZAN Y ,et al. Peridynamics simulation of the fragmentation of ice cover by blast loads of an underwater explosion [ J ]. Journal of Marine Science & Technology,2018,23(1):52 – 66.

［5］ LIU M H, WANG Q, LU W. Peridynamic simulation of brittle-ice crushed by a vertical structure［J］. International Journal of Naval Architecture and Ocean Engineering, 2017, 9（2）: 209 – 218.

［6］ YE L, WANG C, CHANG X, et al. Peridynamic model for propeller-ice contact［J］. Harbin Gongcheng Daxue Xuebao/Journal of Harbin Engineering University, 2018, 39（2）: 222 – 228.

［7］ CARNEY K S, BENSON D J, DUBOIS P, et al. A Phenomenological High Strain Rate Model with Failure for Ice［J］. International Journal of Solids and Structures, 2006, 43（25）: 7 820 – 7 839.

［8］ TIPPMANN J D, KIM H, RHYMER J D. Experimentally validated strain rate dependent material model for spherical ice impact simulation［J］. International Journal of Impact Engineering, 2013（57）: 43 – 54.

［9］ LIU R W, XUE Y Z, LU X K, et al. Simulation of ship navigation in ice rubble based on peridynamics［J］. Ocean Engineering, 2018（148）: 286 – 298.

［10］ SILLING S A, ASKARI E. A meshfree method based on the peridynamic model of solid mechanics［J］. Computers & structures, 2005, 83（17）: 1 526 – 1 535.

［11］ KUEHN G A. The Structure and Tensile Behavior of First-Year Sea Ice and Laboratory-Grown Saline Ice［J］. Journal of Offshore Mechanics & Arctic Engineering, 1990, 112（4）: 357 – 363.

［12］ OTERKUS E. Peridynamic theory for modeling three-dimensional damage growth in metallic and composite structures［D］. Tucson: University of Arizona, 2010.

［13］ SCHULSON E M, GRATZ E T. The brittle compressive failure of orthotropic ice under triaxial loading［J］. Acta materialia, 1999, 47（3）: 745 – 755.

［14］ MADENCI E, OTERKUS E. Peridynamic theory and its applications［M］. New York: Springer, 2014.

［15］ PETROVIC J J. Review mechanical properties of ice and snow［J］. Journal of materials science, 2003, 38（1）: 1 – 6.

［16］ SINGH S, MASIULANIEC K, DEWITT K, et al. Measurements of the impact forces of shed ice striking a surface［C］//32nd Aerospace Sciences Meeting and Exhibit, January 10 – 13, 1994, Reno, Nevada, USA. Reno: AIAA, c1994: 1 – 5.

［17］ CARNEY K S, BENSON D J, DU BOIS P, et al. A high strain rate model with failure for Ice in LS-DYNA［C］//Proceedings of the 9th International LS – DYNA Users Conference, material modelling, June 12 – 14, 2006, Detroit, Michigan, USA. Detroit, ANSYS, c2006: 1 – 15.

# 第3章　冰桨接触时的近场动力学模型

## 3.1　概　　述

目前,冰区航行船舶普遍采用螺旋桨作为推进器,螺旋桨的可靠性将对船舶在冰区航行的安全性有较大的影响。由于船舶在有冰海域航行时,特别是在破冰航行条件下,很可能会导致大块海冰与螺旋桨发生接触,而在接触工况下将会有很大冰载荷作用于桨叶上。冰桨碰撞过程接触冰载荷至少要比冰桨相互作用下的水动力载荷大一个数量级以上,冰载荷是造成螺旋桨损坏的主要原因。而且,在船舶实际运行过程中,一旦冰桨发生接触,作用在螺旋桨上的接触冰载荷将会出现剧烈的波动,并由桨轴传到船尾部结构,诱导较大的机械振动,使得船体的构件振裂,造成破坏事故[1]。由于海冰的力学性质复杂且破坏形式有很大的随机性,给冰桨接触状态下的冰载荷数值预报带来很大的困难。为了能够把握海冰对螺旋桨的危害程度并对螺旋桨设计提供指导,建立一套适用于冰桨接触冰载荷数值预报方法意义重大。

本书基于近场动力学方法建立了冰桨接触数值预报模型。考虑螺旋桨几何结构的复杂性,提出冰桨接触识别算法。运用 Fortran 程序语言编写了基于近场动力学的冰桨接触模型的求解程序。以冰桨铣削工况为例,预报了冰桨连续铣削时海冰的破坏过程,以及螺旋桨在各个方向的力和力矩时域变化曲线。

## 3.2　冰桨接触的计算模型

### 3.2.1　螺旋桨表面的离散化

由于螺旋桨结构比较复杂、表面曲率较大,给冰桨接触识别带来了很大的难度。为了克服这一困难,本书借助面元法面元划分的思想,对螺旋桨表面进行网格划分来逼近螺旋桨表面[2]。于是,接触识别时只需对单个面元进行判别,就可以把复杂的接触过程简化为一系列简单的点面接触过程,有效地降低了冰桨接触检测的复杂度。

1. 螺旋桨的几何形状表达

由于螺旋桨桨叶表面网格划分过程中,需要生成其表面网格点处的三维坐标,这里介绍了螺旋桨几何外形的数学表达方法,可以方便生成螺旋桨表面任何位置处点坐标,为生成任何网格形式和网格数量的螺旋桨表面网格点坐标提供了基础。

螺旋桨几何形状都是以不同半径处的弦长、螺距、厚度、拱度、纵倾与侧斜分布、剖面翼型等来表达的[1]。一些学者[3]已详细介绍了螺旋桨表面三维坐标的生成方法,本节简要地介绍螺旋桨几何形状的表示方法,为开展螺旋桨表面网格划分做准备。假设螺旋桨在固定点处做旋转运动,而固定于螺旋桨上的旋转坐标系定义为$(x,R,\varphi)$。$x$ 轴与桨轴重合,向下游为正。$R$ 为径向坐标,向外为正。这里根据右手定则将绕着 $x$ 轴定为正向,见图 3 - 1。将叶根剖面弦线中点的径向线定义为参考线。

对任意一个半径 $r$ 的桨叶剖面均可将其三维坐标点表示出来。在图 3 - 2 所示的坐标系中,$s$ 为桨叶剖面上点到导边弦向的距离,$c_1$ 为桨叶剖面上导边到母线的距离,$\theta_s$ 为桨叶剖面的侧斜角度,$x_r$ 为桨叶剖面处的纵倾,$\beta$ 为桨叶剖面处的几何螺距角,$y_b$、$y_f$ 分别为桨叶的叶背、叶面上的点到弦线距离,下标 b、f 分别表示螺旋桨叶背和叶面。则在柱坐标系 $O - xR\theta$ 下螺旋桨半径为 $r$ 处的桨叶剖面上坐标点由下式表示

$$
\begin{cases}
x = x_r + (-c_1 + s_1)\sin\beta - \begin{pmatrix} y_b \\ y_f \end{pmatrix}\cos\beta \\
r = r \\
\theta = \dfrac{1}{r}\left[ (-c_1 + s_1)\cos\beta + \begin{pmatrix} y_b \\ y_f \end{pmatrix}\sin\beta \right] + \theta_s
\end{cases}
\tag{3-1}
$$

在直角坐标系 $O - xyz$ 下的相应坐标为

$$
\begin{cases}
x = x_r + (-c_1 + s_1)\sin\beta - \begin{pmatrix} y_b \\ y_f \end{pmatrix}\cos\beta \\
y = r\cos\theta \\
z = r\sin\theta
\end{cases}
\tag{3-2}
$$

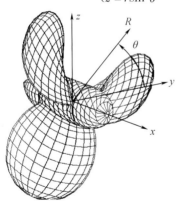

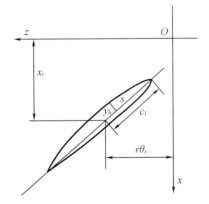

图 3 - 1　螺旋桨的坐标系　　　　　　图 3 - 2　桨叶剖面的表达

## 2. 螺旋桨表面网格划分形式

由上述可知,螺旋桨表面上任意坐标点是以任意半径 $r$ 处和任意弦向 $s$ 处的型值来表达的。根据螺旋桨几何形状表达方式的特点,可对螺旋桨表面沿径向和弦向进行网格划分。沿径向的网格划分可采用平均分割、半余弦分割和余弦分割三种形式。其中,沿径向的平均分割可表示为

$$
r_j = R_h + \frac{(R_0 - R_h)(j-1)}{N_r} \quad j = 1,2,\cdots,N_r+1
\tag{3-3}
$$

沿径向的半余弦分割可表示为

$$r_j = R_h + (R_0 - R_h)\cos\beta_{rj} \quad j = 1,2,\cdots,N_r + 1 \tag{3-4}$$

式中，$\beta_{rj}$满足

$$\beta_{rj} = \frac{\pi}{2}\left(1 - \frac{i-1}{N_r}\right) \quad j = 1,2,\cdots,N_r + 1 \tag{3-5}$$

沿径向的余弦分割可表示为

$$r_j = \frac{1}{2}(R_0 + R_h) - \frac{1}{2}(R_0 - R_h)\cos\beta_{rj} \quad j = 1,2,\cdots,N_r + 1 \tag{3-6}$$

式中，$\beta_{rj}$满足

$$\beta_{rj} = \begin{cases} 0 & j = 1 \\ \dfrac{2j-1}{2N_r+1}\pi & j = 2,\cdots,N_r + 1 \end{cases} \tag{3-7}$$

沿径向的三种分割方式各有优缺点，适用情况有所不同。图 3 - 3 给出了三种分割方式的螺旋桨表面网格分布情况，沿径向的不同分割方式对桨叶外形轮廓形状有较大影响。由图 3 - 3(a)可知，沿径向的平均分割使得径向网格等距，能避免计算网格奇异性，但是网格数较少时几何贴合度不好，因而沿径向的平均分割只适用于径向网格数较多的情况。由图 3 - 3(b)可知，沿径向的半余弦分割是使得叶根到叶梢处的网格由疏到密的分布，主要是考虑桨叶叶根到叶梢是由厚到薄的分布，几何贴合度好。由图 3 - 3(c)可知，沿径向的半余弦分割是使得叶根到叶梢处的网格由密到疏再到密的分布，主要用于叶根和叶梢处的弦长较小的情况，有较好的几何贴合度。螺旋桨沿径向采用余弦和半余弦分割时，即使径向网格数较少，也能够获得较好的螺旋桨几何形状。由此可见，沿径向余弦和半余弦分割适用于网格数较少的情况，而当网格数过密时又可能导致梢部网格过小，引起计算误差。

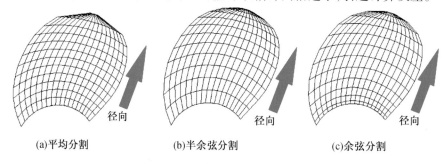

(a)平均分割　　　　　　　(b)半余弦分割　　　　　　　(c)余弦分割

图 3 - 3　径向不同网格划分方式

沿弦向的网格划分通常可采用平均分割和余弦分割两种形式。其中，沿弦向的平均分割可表示为

$$s_i = b_j \frac{i-1}{N_c} \quad i = 1,2,\cdots,N_c + 1 \tag{3-8}$$

沿弦向的余弦分割可表示为

$$s_i = \frac{1}{2}(1 - \cos\beta_{ci})b_j \quad i = 1,2,\cdots,N_c + 1 \tag{3-9}$$

式中，$b_j$ 为 $r_j$ 处叶剖面弦长，$\beta_{ci}$满足

$$\beta_{cj} = \frac{i-1}{N_c}\pi \quad i = 1,2,\cdots,N_c + 1 \tag{3-10}$$

与径向网格划分方式类似，沿弦向的两种网格划分方式也是各有其优缺点，适用的情

况不同。将径向设置为余弦分割,比较弦向平均分割和余弦分割两种方式的不同特点,如图 3 - 4 所示。由图 3 - 4 可知,沿弦向的平均分割使得弦向网格等距,而沿弦向的余弦分割使得导边到随边处的网格由密到疏再到密,但是沿弦向不同的网格划分方式,其桨叶外形轮廓是相同的。因而猜想,沿弦向的不同网格划分方式应该是对剖面翼型有较大影响。

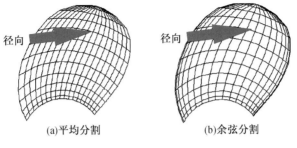

(a)平均分割　　　　　　　　(b)余弦分割

**图 3 - 4　弦向不同网格划分方式**

　　这里给出了沿弦向的不同网格划分方式下某半径剖面翼型图,如图 3 - 5 所示。由图 3.5(a)可知,沿弦向的平均分割的剖面翼型在导边和随边处的几何贴合度不好,必将引起计算误差,但是不容易引起网格的奇异性。通过增加沿弦向的网格划分数目,能够提高导边和随边处的几何贴合度,从而减少计算误差。由图 3 - 5(b)可知,沿弦向的余弦分割的剖面翼型几何贴合度较好,可有效减小计算误差,但是可能会因导边和随边附近的网格过小,引起网格的奇异性,因而沿弦向的余弦分割适用于网格数较少的情况。

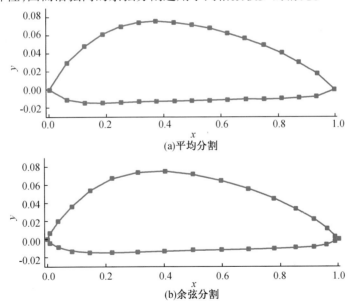

**图 3 - 5　弦向不同网格划分方式下某半径剖面**

**3. 面元近似处理**

上一小节,沿径向和弦向对螺旋桨表面进行网格划分,将螺旋桨表面划分成一系列曲面面元 $\Delta S_j$。由于本书建立的冰桨接触模型采用的是点对面的接触方式,曲面面元是很难进行点对面的接触识别的,为此需要进行一些简化。当螺旋桨表面径向和弦向网格数目足够多而面元足够小时,可用平面四变形近似代替这些曲面面元。具体的简化方法如下:

首先,对于螺旋桨表面的一个曲面面元 $\Delta S_j$,需要对这曲面面元的四个顶点按顺序进行排列。在逆时针方向上,将四个顶点的向量坐标定义成:

$$\boldsymbol{r} = (x_k, y_k, z_k), \quad (k = 1,2,3,4) \tag{3-11}$$

对其对角线向量进行计算:

$$\boldsymbol{T}_1 = \boldsymbol{r}_3 - \boldsymbol{r}_1 \tag{3-12}$$

$$\boldsymbol{T}_2 = \boldsymbol{r}_4 - \boldsymbol{r}_2 \tag{3-13}$$

由对角线向量,获得的这个曲面面元的单位法向量:

$$n = \frac{\boldsymbol{T}_1 \times \boldsymbol{T}_2}{|\boldsymbol{T}_1 \times \boldsymbol{T}_2|} \tag{3-14}$$

控制点坐标由这个曲面面元四个顶点的矢量平均来定义

$$\boldsymbol{r}_0 = \frac{\boldsymbol{r}_1 + \boldsymbol{r}_2 + \boldsymbol{r}_3 + \boldsymbol{r}_4}{4} \tag{3-15}$$

首先,在三维空间中,建立了平面 π。定义此平面的法向向量为 $\boldsymbol{n}$,包含控制点 $\boldsymbol{r}_0$。接着,可将曲面面元投影到平面 π 上,也就是将此曲面面元的四个顶点投影到平面 π。最后,以四个投影点为顶点建立平面四边形 $\Delta Q_j$。图 3-6 给出了该曲面面元与对应平面面元的投影关系。由图 3-6 可知,$d_k = (\boldsymbol{r}_k - \boldsymbol{r}_0)\boldsymbol{n}, (k = 1,2,3,4)$,那么此曲面面元的四个顶点在 π 平面上的投影点坐标表示为

$$\boldsymbol{r}'_k = \boldsymbol{r}_k - d_k \boldsymbol{n} = \boldsymbol{r}_k - \boldsymbol{n}(\boldsymbol{r}_k - \boldsymbol{r}_0)\boldsymbol{n} \tag{3-16}$$

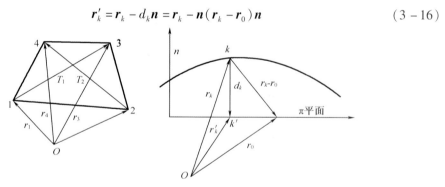

**图 3-6　曲面面元与平面面元之间投影关系**

根据上述方法,将螺旋桨表面的所有曲面面元转化为对应的平面四边形,即将这些平面面元组成近似物面来表示螺旋桨的实际表面。但是,这可能导致螺旋桨表面出现间断的情况,称之为"缝隙"。这些"缝隙"将会对数值计算结果的准确性造成影响,而通过增加网格的数量和质量可减少"缝隙"的存在。也就是说,对螺旋桨表面进行网格划分时,需保证网格数量足够且网格疏密布置合理。根据以往使用经验可知,这种近似计算方法可以满足工程上计算。

### 3.2.2　计算模型的简化处理

1. 螺旋桨结构简化

为避免与海冰发生接触时发生损坏和变形,冰区螺旋桨对强度要求较高[4]。螺旋桨材料不仅要有良好的低温韧性,而且要有较大的强度极限应力。在冰区桨设计中,需要对螺旋桨桨叶整体结构和局部结构进行加强。图 3 - 7 给出了冰区桨和常规螺旋桨对比。从图 3 - 1 中可知,冰区螺旋桨的结构形状与常规螺旋桨有较大的不同,主要体现在以下几个方面:

(1)常规螺旋桨的叶梢为收缩型,而冰区螺旋桨的叶梢形状则设计为圆弧形,由于叶梢厚度较薄,将其设计成圆弧形能有效避免冰桨接触过程中叶梢的损坏;

(2)常规螺旋桨桨叶的展弦比较大,而冰区螺旋桨桨叶的展弦比较小,较小的展向比能够有效避免桨叶整体结构发生塑性变形;

(3)常规螺旋桨的毂径比较小,而冰区桨的毂径比却比较大,主要考虑到冰桨接触过程中桨叶叶根处将承受较大的弯矩作用,使得叶根处有较大的拉压应力作用,而较大的毂径比能够极大减小叶根处所承受的弯矩作用,可以借助于悬臂梁的思想来理解,叶根处可视为固定端,而叶梢处可视为自由端,毂径比大意味着叶根到叶梢长度小。

(a)冰区桨

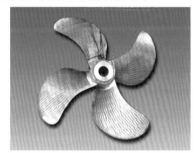
(b)常规螺旋桨

图 3 - 7　冰区桨与常规螺旋桨的对比

破冰船螺旋桨采用的是金属材料,当变形较大时,金属材料易于发生塑性变形。即使在极端冰载荷作用下,也不希望螺旋桨引起大的变形。而通过选择合适的螺旋桨材料和合理的螺旋桨设计,可有效避免极端工况下的冰区螺旋桨的大变形。鉴于此,本书认为冰桨接触过程中,桨叶只是发生微小的变形。因而,在建立冰桨接触模型时,将螺旋桨结构简化为刚性体,不发生任何变形。

2. 冰材料模型及破坏准则

近场动力学将无网格方法、分子动力学方法及有限元法的优点结合起来能够很好地模拟出材料的断裂破坏过程。鉴于近场动力学在解决材料大变形和断裂方面的优势,本书冰桨接触计算模型中海冰采用近场动力学方法进行模拟,而海冰材料模型则选用典型的 PMB 材料[5]。

在运转工况下,螺旋桨叶梢线速度往往能达到 30 m/s 以上。与螺旋桨高速冲击,冰将承受高应变率的作用,从而引起冰的脆性破坏。因而上一章节介绍用于解决冰冲击问题的材料模型和破坏准则也适用于解决螺旋桨运转工况下冰桨接触问题。但是,根据国内外冰桨数值和实验研究表明,冰桨接触过程是一个比较复杂的动态变化过程,带有较大的随机性特征,冰桨接触区域既可能发生拉伸破坏,也可能发生挤压破坏。而根据冰的力学特性分析可知,冰的抗拉和抗压强度往往是不相等的。需要修改第2.6.2节中的材料破坏准则,使得近场动力学方法能够更加适用于冰桨接触下的海冰破碎问题的模拟。考虑冰材料的力学特性,所建立冰材料的破坏准则不仅要能反映材料的拉压断裂,而且也应反映抗拉压强度的不同。

结合近场动力学相关理论,笔者建立了适用于冰材料的线弹性材料模型,如图3-8所示。与第2.6.2节中的材料破坏准则不同,该材料模型引入了临界压缩率 $s_c$ 和临界伸长率 $s_t$,用于区分两个物质点在压缩和拉伸作用下的不同特点,以反映出冰材料抗拉压强度的不同。因而,冰材料的破坏准则可用两个物质点之间的伸长率来判断:当两个物质点之间的键伸长率 $s$ 满足 $s \leqslant s_c$ 或者 $s \geqslant s_t$,认为材料破坏或失效,这两个物质点之间不会再有作用。与传统连续介质力学理论对比,近场动力学方法所定义的材料破坏准则更好,能够反映材料内部断裂自然生成过程,不需其他条件。考虑到海冰的压缩强度与拉伸强度是不同的,通常压缩强度大约为拉伸强度的 $3 \sim 4$ 倍,因而将临界伸长率和临界压缩率分别设置为 $s_t = s_1$ 和 $s_c = -3.6s_1$。其中,$s_1$ 为极限压缩率。

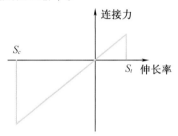

**图 3 - 8　材料的本构模型**

3. 不考虑流体作用的可行性分析

在实际工况下,冰桨接触过程中会不断地有碎冰块进入流场中,引起周围流场的紊乱。因数值计算方法和计算能力的限制,目前想要建立冰桨流耦合计算数值模型来模拟这一实际过程有很大的难度。因而,为了便于开展冰桨接触研究,本书所建立的冰桨接触数值模型忽略了流体的影响。虽然这种数值模型模拟结果与实际情况还是有区别的,无法体现出碎冰块在海水的作用下的运动过程,以及计算出螺旋桨受到的干扰水动力,但是能够比较真实地再现接触过程中冰块的破碎过程和计算瞬态冰载荷。根据 J. Y. Wang 开展的系列实验测量数据可以看出,冰桨接触过程中螺旋桨受到的冰载荷要比水动力载荷高一个量级以上,水动力载荷对于螺旋桨总载荷的作用几乎可忽略不计。事实上,有些学者[6]为便于分析观察冰桨接触冰的破碎模式和分析冰载荷大小,在空气中开展了冰桨接触实验。总之,本书所建立的冰桨接触数值模型在模拟海冰破碎模型、计算冰载荷大小和桨叶结构动力响应方面还是有参考意义的,也为将来建立冰桨流耦合的数值计算模型打下了良好基础。

# 3.3　冰桨接触的计算方法

### 3.3.1　冰桨接触检测算法

由于螺旋桨的几何结构比较复杂,在近场动力学模拟冰桨接触时最大的问题是如何识别和处理海冰物质点与螺旋桨接触。为此本书提出了一种连续接触识别算法,能够快速而准确地识别冰桨接触,下面将详细介绍该方法。

首先,需采用不同方法离散化冰块和螺旋桨,以便于接触检测方法的实施,如图 3 – 9 所示。对于冰块,将其离散为物质点的形式,并加入边界条件;对于螺旋桨,沿径向和弦向将其表面进行网格划分,离散成一系列面元。

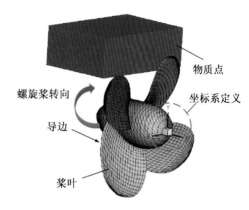

图 3 – 9　冰桨接触模型

当然,螺旋桨表面面元的划分数目和方式均对计算结果有较大的影响,需要进行合理的选择。将螺旋桨所有桨叶表面均进行网格划分,并计算所有面元的控制点和获得对应的平面四边形,这里以径向和弦向网格划分数目均为 8 的情况来说明本书进行螺旋桨面元划分后的节点和面元编号情况,如图 3 – 10 所示。

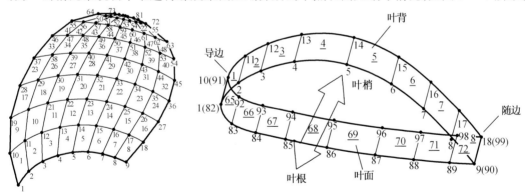

图 3 – 10　螺旋桨的节点和面元编号

然后,为了减少计算量和运算的复杂度,同时保证接触检测的精度和效率,本书提出了一种简单高效的方法来剔除不可能与螺旋桨发生接触的物质点。将物质点转换为极坐标形式后:第一步,检测物质点是否位于桨叶叶根和叶梢所包围的直径范围内,如果在此范围以外说明没有发生接触,否则进行下一步判断,如图 3 – 11(a)所示;第二步,如果在直径范围内,判断物质点所在的直径位置处是否在每个桨叶的导边和随边所包围的角度方位内,假如不在的话说明没有接触,否则将其定义为可能与螺旋桨接触的物质点,如图 3 – 11(b)所示。

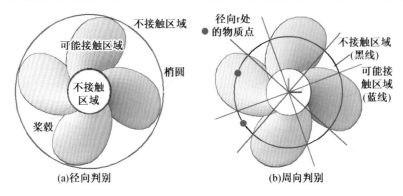

图 3 – 11    确定可能与螺旋桨接触物质的方法

最后,在确定了可能与螺旋桨发生接触的物质点后,需要通过几何关系来检测冰粒子与螺旋桨是否发生接触。第一步,确定包含物质点 $y$ 和 $z$ 坐标的叶背和叶面面元,并求解这两个面元的控制点,法向量及平面方程;第二步,将该物质点的坐标带入到方程中判断物质点是否在两个面元包含的区域内,如图 3 – 12 所示。如在区域内的话,说明物质点和螺旋桨的某一个桨叶发生了接触。

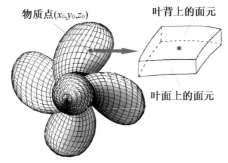

图 3 – 12    几何方法确定与螺旋桨接触的物质点

### 3.3.2    物质点接触力计算

完成接触检测之后,就要开始处理与螺旋桨接触的物质点。一旦物质点与螺旋桨发生接触,物质点就会渗入到螺旋桨体内,如图 3 – 13(b)所示。为了反映真实的物理情况,渗入到螺旋桨体内的物质点需要进行位置再分配。通常是将该物质点分配到临近处的螺旋桨表面,如图 3 – 13(c)所示。对于包含物质点 $y$ 和 $z$ 坐标的叶背和叶面两个面元,根据物质点在 $t$ 和 $t + \Delta t$ 时间所处的位置,可以判断处物质点是从哪个面元进入到螺旋桨体内的。通过下式可以计算出渗入到螺旋桨体内的物质点和新分配物质点的距离:

$$d = \frac{|A_1 x_0 + B_1 y_0 + C_1 z_0 + D_1|}{\sqrt{A_1^2 + B_1^2 + C_1^2}} \qquad (3-17)$$

式中,$A_1$,$B_1$,$C_1$ 分别代表当前物质点到坐标原点的连线的直线方程中 $x_0$、$y_0$、$z_0$ 对应的系数;$D_1$ 为方程的常数项。

新分配物质点的坐标可以通过下式来计算:

$$x_{(k)}^{t+\Delta t} = x_{(k)}^{t} + V_0 \Delta t + dn \qquad (3-18)$$

物质点 $x_{(k)}$ 在 $t + \Delta t$ 时刻的速度由下式获得:

$$\overline{\boldsymbol{v}}_{(k)}^{t+\Delta t} = \frac{\overline{\boldsymbol{u}}_{(k)}^{t+\Delta t} - \boldsymbol{u}_{(k)}^t}{\Delta t} \qquad (3-19)$$

其中, $\overline{\boldsymbol{u}}_{(k)}^{t+\Delta t}$ 为在 $t + \Delta t$ 时刻新分配物质点的位移, $\boldsymbol{u}_{(k)}^t$ 为在 $t$ 时刻物质点的位移。在 $t + \Delta t$ 时刻,物质点 $x_{(k)}$ 对螺旋桨的接触力可由下式计算得到

$$F_{(k)}^{t+\Delta t} = -\rho_{(k)} \frac{\overline{\boldsymbol{v}}_{(k)}^{t+\Delta t} - \boldsymbol{v}_{(k)}^t}{\Delta t} V_{(k)} \qquad (3-20)$$

其中, $\boldsymbol{v}_{(k)}^{t+\Delta t}$ 为在 $t + \Delta t$ 时刻渗入到螺旋桨体内的物质点的速度; $\rho_{(k)}$ 和 $V_{(k)}$ 分别为物质点的密度和体积。

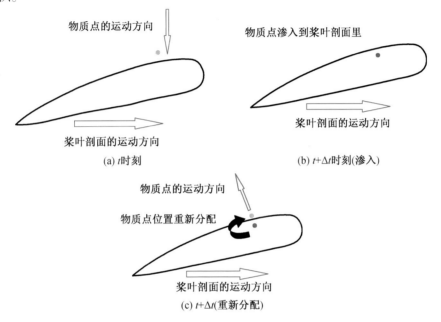

图 3 – 13　桨叶内部物质点的重新分配方案

### 3.3.3　冰桨接触瞬时冰载荷计算

通过冰桨接触检测和物质点接触力计算,可获知计算域内任意一个海冰粒子是否与螺旋桨方法接触,若有接触,可判断出与螺旋桨哪个叶片上的第几个面元发生接触,以及与该面元的接触力大小。反过来说,螺旋桨表面任意一个面元与哪些海冰粒子接触及其接触力大小也可确定。如图 3 – 14 所示,对于螺旋桨表面,某个面元会与一系列海冰物质点接触,这些物质点与该面元的接触位置及接触力大小均有较大的随机性。

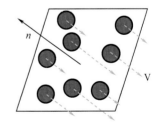

图 3 – 14　物质点与面元随机接触

在 $t + \Delta t$ 时刻螺旋桨表面任意一个面元所受到的接触力大小可通过与其接触的所有物质点的接触力叠加得到:

$$F_{(j,kz)}^{t+\Delta t} = \sum_{k=1} F_{(k)}^{t+\Delta t} \lambda_{(k)}^{t+\Delta t} \qquad (3-21)$$

式中,$\lambda_{(k)}^{t+\Delta t}$ 可由下式定义:

$$\lambda_{(k)}^{t+\Delta t} = \begin{cases} 1, & \text{与第 } kz \text{ 个桨叶第 } j \text{ 个面元接触} \\ 0, & \text{不接触} \end{cases} \quad (3-22)$$

进一步,可计算出在 $t+\Delta t$ 时刻第 $kz$ 个叶片第 $j$ 个面元受到的接触压力 $p_{(j,kz)}^{t+\Delta t}$:

$$p_{(j,kz)}^{t+\Delta t} = \frac{|\boldsymbol{F}_{(j,kz)}^{t+\Delta t}|}{S_{(j,kz)}} \quad (3-23)$$

通过式(3-23),可获得冰作用下螺旋桨表面的接触压力。从而,沿整个螺旋桨表面对其接触压力积分计算,获得螺旋桨在不同方向上的接触力与力矩,其表达式可以由下式来表示:

$$\begin{cases} F_x(k_t\Delta\theta) = -T(k_t\Delta\theta) = \displaystyle\sum_{k=1}^{Z}\sum_{j=1}^{N_P} p_j^k(k_t\Delta\theta) n_{xj}^k S_j^k \\[2mm] F_y(k_t\Delta\theta) = \displaystyle\sum_{k=1}^{z}\sum_{j=1}^{N_P} p_j^k(k_t\Delta\theta) n_{yj}^k S_j^k \\[2mm] F_z(k_t\Delta\theta) = \displaystyle\sum_{k=1}^{z}\sum_{j=1}^{N_P} p_j^k(k_t\Delta\theta) n_{zj}^k S_j^k \end{cases} \quad (3-24)$$

$$\begin{cases} M_x(k_t\Delta\theta) = Q(k_t\Delta\theta) = \displaystyle\sum_{k=1}^{z}\sum_{j=1}^{N_P} p_j^k(k_t\Delta\theta)(n_{yj}^k z_j^k - n_{zj}^k y_j^k) S_j^k \\[2mm] M_y(k_t\Delta\theta) = \displaystyle\sum_{k=1}^{z}\sum_{j=1}^{N_P} p_j^k(k_t\Delta\theta)(n_{zj}^k x_j^k - n_{xj}^k z_j^k) S_j^k \\[2mm] M_z(k_t\Delta\theta) = \displaystyle\sum_{k=1}^{z}\sum_{j=1}^{N_P} p_j^k(k_t\Delta\theta)(n_{yj}^k x_j^k - n_{xj}^k y_j^k) S_j^k \end{cases} \quad (3-25)$$

式中,$(n_{xj}^k, n_{yj}^k, n_{zj}^k)$ 为在 $O-xyz$ 坐标系中的第 $k$ 个叶片中第 $j$ 个面元上单位法向量;$(x_j^k, y_j^k, z_j^k)$ 为在 $O-xyz$ 坐标系中的第 $k$ 个叶片中第 $j$ 个面元上的控制点的坐标;$S_j^k$ 为第 $k$ 个叶片中第 $j$ 个面元的面积。

## 3.4  冰桨接触的计算过程

结合近场动力学理论及冰接触计算方法,建立了冰桨接触计算模型,并采用 FORTRAN 语言开发了相应的求解程序。该程序能自动建立螺旋桨模型并对其进行网格划分,按要求自动生成海冰近场动力学物质点,建立冰桨接触计算模拟。该程序适用于任意海冰形状和任意工况下的冰桨接触的数值模拟,可模拟出冰桨接触时海冰的动态破碎过程,并计算出冰桨接触时螺旋桨受到的接触瞬态冰载荷。计算完成之后,可借助后处理软件生成生动形象的冰桨接触过程。该程序的求解过程如下:

(1)读入数据,包括螺旋桨型值和转速、冰块的数目、几何参数、材料参数及运动速度等。

(2)选择螺旋桨径向和弦向网格划分方式和数目,根据要求建立螺旋桨几何模型并进行网格划分。

(3)将所有冰块离散成物质点形式,初始化所有物质点密度、体积、速度、加速度等,搜索所有物质点领域范围内所包含的物质点,并进行储存,计算所有物质点的应变能密度及表面修正因子等。

(4)根据螺旋桨和几个冰块之间的位置关系,建立冰桨接触计算模型,用于后续的冰桨接触动态计算中。

(5)开始时间步迭代,应用近场动力学方法计算所有物质点受到的近场力和外载荷,进而计算出所有物质点的加速度,通过时间积分可获得当前时刻所有物质点的位移和速度。

(6)对每一个物质点,采用上述介绍的冰桨接触检测算法判断出每一个物质点是否与螺旋桨发生接触,确定出每一个物质点与螺旋桨表面哪个面元发生接触,并计算出每一个物质点与对应面元的接触力大小。

(7)计算出螺旋桨表面的接触压力,沿每个桨叶和整个螺旋桨表面进行积分,则可获得每个桨叶和整个螺旋桨在各个方向的接触力和力矩。

(8)判断是否到达最大时间步。若未达到,返回(5);若达到,结束计算。

图 3 – 15 给出了基于近场动力学方法的冰桨接触数值计算过程。

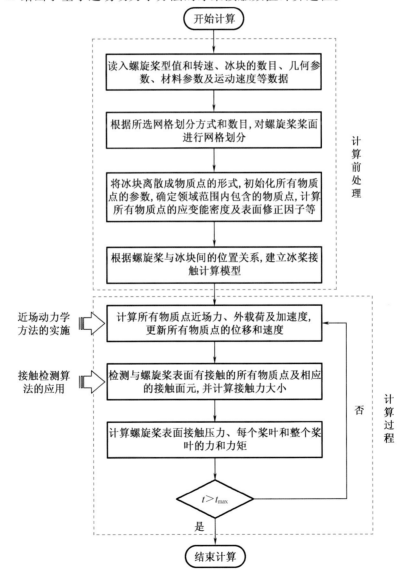

图 3 – 15　冰桨接触的求解过程

# 3.5　小　　结

本章首先分析了冰桨接触过程中螺旋桨的变形程度,将螺旋桨简化为刚性固体处理。详细介绍了螺旋桨几何形状表达方法、螺旋桨表面网格划分形式及面元近似处理方法,以方便接触检测算法的实施。在对比分析不同冰桨接触数值模型在模拟海冰破碎问题优缺点的基础上,认为近场动力学方法在模拟海冰破碎问题方面具有其理论优势,可使用近场动力学方法建立冰材料模型,并根据冰桨接触过程中海冰破碎的实际特点,修正了材料的破坏准则。为解决冰桨接触问题,提出了冰桨接触检测算法及接触力的计算方法,推导出了冰桨接触瞬时螺旋桨表面接触力和力矩的计算方法。将近场动力学理论方法和冰桨接触计算方法相结合,建立冰桨接触数值计算方法,给出了相应的计算过程和流程,并自主开发了冰桨接触计算程序。在后续的章节中,将应用该程序开展冰桨铣削和碰撞两种典型工况下的动态特性分析,验证本书计算程序的可行性。

## 参考文献

[ 1 ]　吴帅.冰载荷下螺旋桨附连水效应及轴系振动研究[ D ].大连:大连理工大学,2016.

[ 2 ]　廖宏伟.基于迭代的六面体网格生成算法[ D ].杭州:浙江大学,2013:20 - 34.

[ 3 ]　苏玉民,黄胜.用边界元法预报船舶螺旋桨的水动力性能[ J ].哈尔滨工程大学学报,2001,22( 2 ):1 - 5.

[ 4 ]　叶礼裕,王超,黄胜,等.不同螺距拟合方式对螺旋桨优化效果的影响分析[ J ].中国造船,2015( 3 ):96 - 107.

[ 5 ]　苏玉民,黄胜.船舶螺旋桨理论[ M ].哈尔滨:哈尔滨工程大学出版社,2013.

[ 6 ]　SAMPSON R,ATLAR M,ST JOHN J W,et al. Podded propeller ice interaction in a cavitation tunnel[ C ]// Proceedings of the 3rd International Symposium on Marine Propulsors ( SMP'13 ),May 5 - 7,2013 ,Tasmania,Australia. Newcastle:SMP,c2013:1 - 8.

# 第4章　冰桨铣削时冰载荷预报与分析

## 4.1　概　　述

由于海冰物理和力学性质的多样性和冰桨接触条件的随机性,导致冰桨接触动态特性十分复杂。特别是冰桨铣削工况下,此时螺旋桨桨叶将连续不断地切入和切出冰块,螺旋桨将受到极端冰载荷的作用,产生剧烈的冰激振动。冰桨铣削实验表明,冰桨铣削动态特征与许多因素有关,已有学者开展了不同铣削深度、螺旋桨转速、进速系数及螺旋桨的几何参数等对冰桨铣削工况下的冰载荷影响进行了研究,大都是将冰桨铣削模型简化为螺旋桨与一个矩形冰块的铣削过程,而冰桨铣削的实际情况是非常复杂的,螺旋桨可能会同时铣削多个(甚至不同形状的)冰块,这些问题有待进一步研究。由于冰桨铣削作用时间短且具有剧烈动态变化和随机性特征,通过实验方法测量螺旋桨所受的瞬态力和力矩,更是无法测量螺旋桨表面所受到的接触冰载荷。因而,借助数值方法预报冰桨铣削动态过程是一个行之有效的方法,能够预报出冰桨铣削过程详细参数,甚至是实验无法测量的一些数据。

为此,本章以第3章建立的冰桨接触数值计算模型为基础,对冰桨铣削工况进行数值模拟研究。首先论述了冰桨铣削过程特点,包括海冰的破坏方式及借助速度三角形分析螺旋桨可能受到的力的情况。在此基础上,建立了冰桨铣削数值计算模型。通过网格无关性分析及与实验结果的对比,确保计算方法的收敛性和可靠性。针对某一工况,分析了冰桨铣削工况下的冰桨接触动态过程、冰载荷的瞬态变化及轴承激振力特性。本章系统研究了冰桨铣削动态变化过程,可为冰区螺旋桨的设计和操作提供参考。

## 4.2　冰桨铣削过程的特点分析

图4-1为冰桨铣削过程中某个桨叶剖面与冰块相互作用的示意图[1]。

编号1表示桨叶导边和冰块发生接触。冰块局部受到挤压和剪切。由于接触力的作用,冰块上将出现一些裂纹。桨叶剖面用其导边和表面铣削冰块,以实现向前运动。作用在桨叶上的冰载荷大小与冰块的进料速度和切削深度有关。

编号2表示由于冰块上出现裂纹,有碎冰块从整体冰块上散裂出来。一旦散裂发生,桨叶进一步切削冰块,并剥落和清理散裂冰块。

编号3表示冰块和桨叶叶背对其中间的碎冰块进行挤压。一旦冰块在位置3处被挤压,冰块将会被清除,以利于桨叶的前进。

编号4表示叶面可将碎冰块推开,因而冰块剥落过程将会发生。

编号 5 表示由于阻塞效应，空泡将会在间隙中发生，空泡将和碎冰混杂在一起。

编号 6 表示碎冰块被卷入到螺旋桨的尾流中。

类似常规螺旋桨在水流中运动的速度多角形，图 4 - 2 给出了冰区桨切削冰块的速度多角形，用以解释冰桨铣削原理。由图 4 - 2 可知，冰桨铣削过程中的冰载荷与桨叶剖面处的螺距角、螺旋桨转速、冰与桨的相对速度均有关[2]。

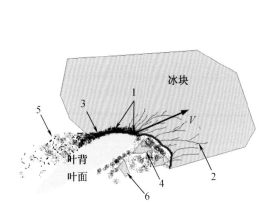

图 4 - 1　桨叶剖面铣削冰块的情况 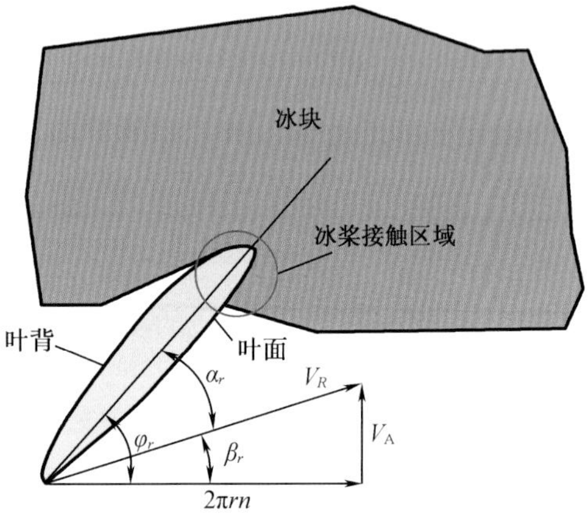　　　　图 4 - 2　桨叶剖面切削冰块的速度多角形

图 4 - 2 中各参数表示的含义如下。

桨叶剖面的螺距角 $\varphi_r$ 可由下式计算：

$$\varphi_r = \arctan \frac{P}{2\pi r} \qquad (4-1)$$

桨叶剖面的进角 $\beta_r$ 可由下式计算得到：

$$\beta_r = \arctan \frac{V}{2\pi nr} \qquad (4-2)$$

忽略诱导速度的作用，那么桨叶剖面切削冰攻角是 $\alpha_r$，可由下式计算：

$$\alpha_r = \arctan \frac{P}{2\pi r} - \arctan \frac{V}{2\pi nr} \qquad (4-3)$$

由桨叶剖面切削冰块的速度多角形，可将冰桨铣削作用下桨叶剖面受到的冰载荷分为四种情况[3]。第一种情况如图 4 - 3(a)所示，桨叶剖面的压力面承受冰载荷作用，从而增加螺旋桨的推力和转矩。第二种情况如图 4 - 3(b)所示，由于螺距的卸载作用使得冰载荷移动到靠近桨叶剖面导边处，此时存在转矩载荷而推力载荷变得不重要了（或者等于零）。另外，如图 4 - 3(c)所示，冰载荷也很可能会移动到吸力面，引起推力损失或者负载荷，这与局部螺距和翼型剖面形状及冰的进给速度有关，最常见于高进速的测量中，大部分合力冰载荷作用于桨叶吸力面。除了接触力，移动的碎冰或粉末也会因为冰具有黏性特点造成性能的增大。桨叶每个剖面容易引起空泡作用，这几乎在每次试验中都会遇到。在冰水池试验中发现合力也会移动到桨叶叶背上，如图 4 - 3(d)所示，引起螺旋桨性能变化，主要发生在高进速情况。在低进速系数条件下，由于接触载荷和水动力载荷的内在联系，载荷非常复杂。在一些实尺度试验中，发现了作用于桨叶叶背的弯曲载荷效应，特别是攻角较小或攻角为负的情况。同样，在冰水池试验条件下，冰块的前进速度比较小或进速系数比较低时，也会遇到攻角较小或攻角为负的情况。此时，冰块进料速度低，螺旋桨切削冰量将减少。

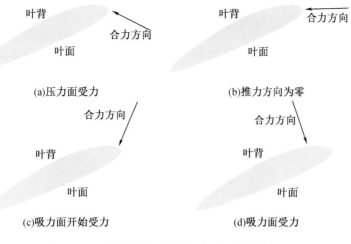

图 4 - 3　冰桨铣削合力情况（ Searle 等 1999 ）

## 4.3　冰桨铣削计算模型的建立

### 4.3.1　计算模型简化

以实际情况数值模拟冰桨铣削工况存在两个问题：（1）实际海况下，冰块是十分不规则的，这给冰块的建模带来很大的困难，很难将冰块离散成物质点形式；（2）若不考虑船体结构的影响，只建立冰桨接触模型，一旦冰块和螺旋桨接触，冰块可能会由于不受约束而远离螺旋桨，难以形成连续切削过程。

为了对冰桨铣削过程进行研究，需要对冰桨铣削模型进行一些简化。对于螺旋桨，设定其中心点位置不动，以一定的转速绕着桨轴做旋转运动；对于冰块，可根据需要将其简化为规则形状，例如球体、立方体等，初始时刻所有海冰物质点以相同的速度靠近螺旋桨。为了使螺旋桨能够连续切削冰块，可对冰块前端的几层物质点进行位移约束，使其在整个计算过程中均以与初始时刻相同的速度运动。

根据上述简化，以矩形冰块为例，建立了冰桨铣削计算模型，如图 4 - 4 所示。考虑到冰桨接触冰载荷远比其他载荷要大，在计算中忽略了重力、摩擦阻力及冰桨干扰水动力载荷的影响。

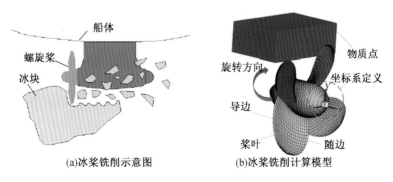

图 4 - 4　冰桨铣削计算模型的简化

### 4.3.2　螺旋桨模型与海冰材料的选取

本章的螺旋桨模型采用的是以加拿大海岸警卫 R 级破冰船上装载的四叶 1200 系列 R - class冰级桨为母型[4]，参考了国外可查阅的文献的冰区桨的几何参数和试验数据，结合螺旋桨优化设计方法，设计的一款水动力性能以及几何外形与 R - class 桨相当的冰级桨，将该设计桨命名为 Icepropeller Ⅰ，螺旋桨模型如图 4 - 5 所示。该桨的直径 $D = 4.12$ m，毂径比 $r_h = 1.24$ m，螺距比为 $P = 0.76$。

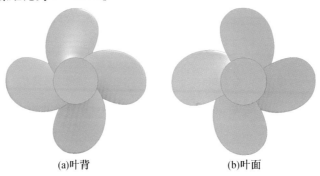

(a)叶背　　　　　　　　　　　(b)叶面

**图 4 - 5　螺旋桨模型**

由于关注的侧重点不是海冰的物理性质，而是海冰破坏现象的模拟，因此与海冰相关物理参数是根据参考文献[5]选择的，将海冰简化为匀质材料，弹性模量 $E = 1.8$ GPa，泊松比 $\upsilon = 0.25$，密度 $\rho = 900$ kg/m³。冰块模型选择的是长方体，长度 $L = 0.5D$，宽度 $W = 0.75D$，厚度 $h = 0.25D$。从第 4.3.1 节的图 4 - 4(b)中也可知道对冰桨铣削计算模型坐标轴的定义方式。该冰块位于桨轴上方。为了模拟海冰的破坏，将材料极限伸长率设定为 $s_0 = 0.032$。将时间步长设定为 $\Delta t = 0.034\ 8$ ms。

## 4.4　网格无关性和收敛性分析

以下进行网格无关性分析中，计算工况均设定为：螺旋桨的转速等于 3 r/s、冰的进给速度等于1.8 m/s。

### 4.4.1　螺旋桨径向网格划分方式

在第 3.2.1 小节中，介绍了三种径向网格划分方式，即平均分割、半余弦分割及余弦分割。为了对比三种径向网格划分方式对数值计算结果的影响，保证其他参数不变的情况下，对三种径向网格划分方式下的冰桨铣削计算结果进行对比分析，并将径向和弦向网格数均设定为 20 个，弦向网格采用余弦分割方式。

图 4 - 6 为不同径向网格划分方式下 $x$ 轴方向上的力和力矩随时间变化的对比曲线。从图 4 - 6 可以看出，虽然三条曲线的局部数据存在一些偏差，但是由于冰桨铣削工况下，海冰破碎过程本身带有较大的随机性，螺旋桨受到的冰载荷是剧烈变化的过程，因而不能完全认为这种偏差是因径向网格划分方式的不同引起的。从总体来看，三条曲线分布趋势基本一致，局部位置还有重合现象，因而可认为不同径向网格划分方式不会对冰桨铣削计算

结果产生较大影响。

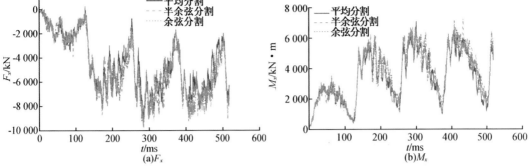

图 4-6　不同径向网格划分方式下冰桨铣削接触力时历曲线

为了进一步分析不同径向网格划分方式对计算结果的影响,求出图 4-7 中不同径向网格划分方式下 x 轴方向上的力和力矩的平均值。为了便于观测和讨论,将这些平均值绘制成柱形图,如图 4-7 所示。由图 4-7 可知,径向网格的平均分割计算力和力矩平均值小于半余弦和余弦分割的计算结果,而半余弦和余弦分割计算力和力矩平均值差别不大。由于径向网格采用平均分割的方式,引起桨叶叶梢附近的几何贴合度不好,导致了计算结果偏小。径向网格采用半余弦和余弦分割的方式,桨叶叶梢附近的几何贴合度均比较好,因而两者的计算结果差别较小。

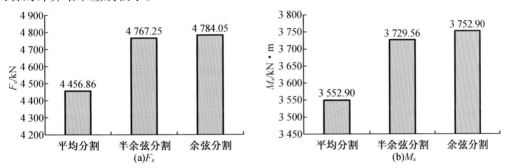

图 4-7　不同径向网格划分方式下冰桨铣削接触力平均值

图 4-8 中给出了某一时刻冰桨铣削图,用以分析不同径向网格划分方式对海冰破碎过程的影响。由图可知,冰桨铣削过程中主要是桨叶外半径区域与冰块发生接触,接触区域附近的海冰将受到螺旋桨的切削作用而破碎。从整体来看,三种网格划分方式模拟得到的海冰破碎过程基本一致,只存在局部微小的差别。由此可见,不同径向网格划分方式对海冰破碎过程影响不大。

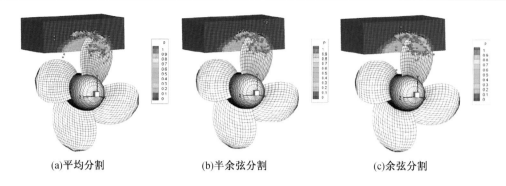

(a)平均分割      (b)半余弦分割      (c)余弦分割

**图 4 - 8   不同径向网格划分方式下冰桨铣削冰破碎情况**

通过上述分析可知,径向网格平均分割虽然对海冰破碎过程模拟影响较小,但是由于几何贴合度不好,可能会引起接触冰载荷计算结果偏小。而采用余弦和半余弦分割的接触冰载荷的计算及海冰破碎过程的模拟均较好。但是,考虑到冰桨铣削主要是桨叶外半径区域与冰块发生接触,采用半余弦分割可使外半径区域网格划分更密一些。因此,后续冰桨铣削数值模型中螺旋桨径向网格均是采用半余弦分割的。

### 4.4.2   螺旋桨弦向网格划分方式

螺旋桨的弦向网格划分的方式包括平均分割、余弦分割两种。为了考察弦向网格划分方式对计算结果的影响,将径向和弦向网格数均设定为 20 个,径向网格设定为半余弦分割方式,开展不同弦向网格划分方式下的冰桨铣削计算结果的对比分析。

在不同弦向网格划分的冰桨铣削计算完成后,将其在 $x$ 轴方向上的力和力矩随时间变化绘制成曲线图,如图 4 - 9 所示。由图 4 - 9 可知,两种弦向网格划分所得计算曲线在波动比较剧烈的位置有一些差别,而曲线波动位置较小的地方基本重合。如前所述,由于冰桨铣削过程海冰的破碎方式有较大的随机性,引起冰载荷剧烈的波动。因而,引起曲线差别不仅与弦向网格划分有关,也与海冰的破碎方式有关。但是,从整体来看,两种弦向网格划分的曲线分布趋势差别不大。可见,不同弦向网格划分方法对计算结果影响较小。

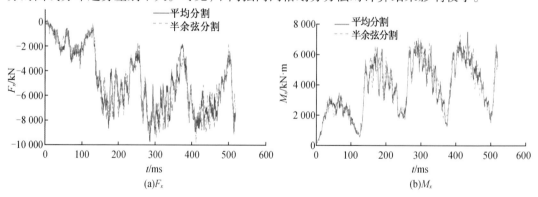

(a)$F_x$         (b)$M_x$

**图 4 - 9   不同弦向网格划分方式下冰桨铣削接触力时历曲线**

从图 4 - 9 中计算得到两种弦向网格化的力和力矩的平均值,并将其绘制成柱形图,如图 4 - 10 所示。由图 4 - 10 可知,余弦分割计算所得的力和力矩略小于平均分割的计算结果,但是差别不大。而造成差别的原因可能是由于弦向平均分割导致了桨叶导边和随边几何贴合度不好。

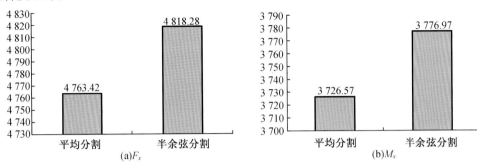

$$(a)F_x \qquad\qquad\qquad (b)M_x$$

图 4 - 10　不同弦向网格划分方式下冰桨铣削接触力平均值

为了分析不同弦向网格划分方式对冰桨铣削作用下海冰破碎情况的影响,图 4 - 11 给出了某一时刻的冰桨铣削图。从整体来看,两种弦向网格划分方式模拟的海冰破碎情况相差较小。由此可见,不同弦向网格划分方式对海冰破碎情况影响也不大。

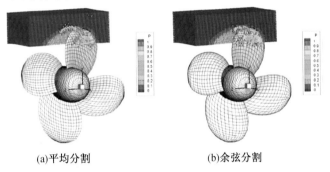

(a)平均分割　　　　　　　　　　(b)余弦分割

图 4 - 11　不同弦向网格划分方式下冰桨铣削海冰破碎情况

通过对弦向网格划分方式下冰桨铣削计算结果影响分析,平均网格划分方式可能会由于导边和随边的几何贴合度不好,引起接触冰载荷的计算值偏小。而余弦网格划分的螺旋桨模型能够更好地逼近真实情况,获得更加准确的数值计算结果。因此,以下冰桨铣削计算螺旋桨模型弦向网格划分均用余弦分割。

### 4.4.3　螺旋桨网格划分数目

螺旋桨网格划分数目是影响计算模型是否逼近真实螺旋桨表面的关键因素,直接关系到计算结果的准确性。开展螺旋桨网格数目对计算结果的影响分析,可用于指导选择合适的螺旋桨网格划分数目,使得计算结果准确的同时又不影响计算的效率。

由于本章所选的螺旋桨计算模型的桨叶展弦比不大,这里将螺旋桨的径向和弦向划分网格数目设置成相同,以方便探讨不同的网格数目对冰桨铣削计算结果的影响。在其他参数不变的情况下,开展螺旋桨表面径向和弦向网格数目为 $12 \times 12$、$16 \times 16$、$20 \times 20$ 及 $24 \times 24$ 四种情况下的冰桨铣削数值模拟。

图 4 - 12 给出了螺旋桨不同径向和弦向网格划分数目下螺旋桨在 $x$ 轴方向上的力和力矩随时间变化的曲线对比图。螺旋桨径向和弦向网格数为 $12 \times 12$ 的力和力矩计算值均要比其他网格数目的计算值要小,这主要是由于螺旋桨网格数目少时,螺旋桨几何模型贴合

度不好。当螺旋桨径向和弦向网格数大于 $16 \times 16$，曲线的分布趋势区域一致。不同曲线之间靠得比较近，多处区域出现交叉和重叠，不容易判断出螺旋桨网格数目对计算结果的影响，也从侧面反映了螺旋桨网格数目对计算结果影响较小。

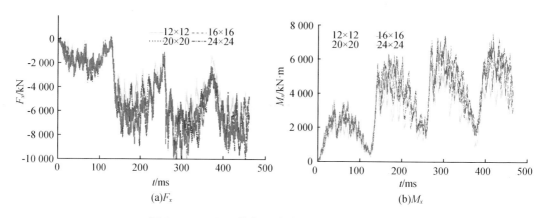

图 4-12　不同网格数冰桨铣削接触力时历曲线

为了更加直观地分析不同螺旋桨径向和弦向网格数目对计算结果收敛性的影响，从图 4-13 中获得各个曲线的平均值和最大值，并将其绘制成曲线图。图 4-13 中纵坐标为力或者力矩的大小，而横坐标为螺旋桨径向和弦向网格数目。由图 4-13 可知，由于螺旋桨径向和弦向网格数目的增大，力或力矩的平均值和最大值有所减小，并很快趋于收敛，而当螺旋桨径向和弦向网格数目达到 $20 \times 20$ 时，曲线趋于稳定。

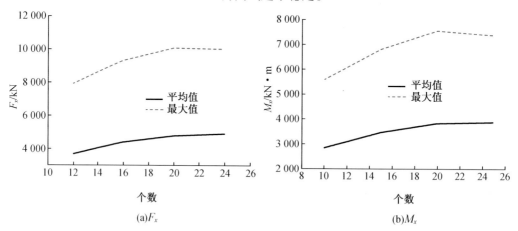

图 4-13　不同网格数冰桨铣削接触力平均值和最大值

图 4-14 给出了某一时刻的冰桨铣削图，用于分析不同螺旋桨径向和弦向网格数目对海冰破坏形式的影响。从整体来看，不同螺旋桨网格数目对海冰破碎形式影响不大，只是在局部位置有微小区别。

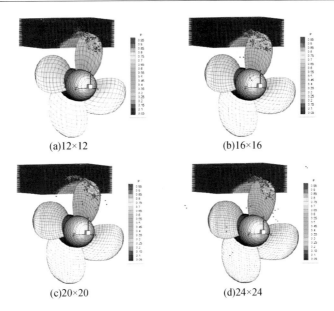

(a)12×12　　　　　　　(b)16×16

(c)20×20　　　　　　　(d)24×24

图 4 – 14　不同网格数目冰桨铣削海冰破碎情况

综上所述,通过对螺旋桨径向和弦向网格数目下冰桨铣削计算结果影响分析,发现螺旋桨网格数目较少时,会由于螺旋桨计算模型无法反映真实表面,引起冰载荷计算值出现误差。在冰桨铣削计算中,发现螺旋桨网格数目对程序计算速度影响不大。因而,在后续冰桨铣削计算中螺旋桨径向和弦向网格数目均设置为 24 × 24。

### 4.4.4　冰模型物质点间距

冰模型物质点间距不仅影响接触冰载荷计算的准确性,还直接关系到能否模拟出冰块的破碎和裂纹的生成过程。由于冰块是采用近场动力学方法进行模拟的,计算时间对冰模型物质点间距十分敏感。随着物质点间隔的减小,计算时间将呈指数增加。因此,为了保证计算结果的准确性和减少计算时间,非常有必要开展冰模型物质点间距对计算结果影响分析,从而选择合适的冰模型物质点间距。在其他参数不变的情况下,开展了冰模型物质点间距为 $\Delta x = L/10$、$\Delta x = L/15$、$\Delta x = L/20$ 及 $\Delta x = L/25$ 四种情况下的冰桨铣削数值模拟,$L$ 为冰块 $z$ 轴方向上的尺寸。

图 4 – 15 为不同冰模型物质点间距下冰桨铣削工况螺旋桨在 $x$ 轴方向上的力和力矩随时间变化的曲线对比图。由图可知,不同曲线间存在较大的差异,这说明冰模型物质点间距对计算结果有很大影响。随着冰模型物质点间距的减小,计算值不断减小,但是减幅迅速减小,并逐渐收敛趋于稳定。当冰模型物质点的间距为 $\Delta x = L/20$ 和 $\Delta x = L/25$ 时,力和力矩曲线基本一致,只在局部位置存在一些差距。因此,$\Delta x = L/25$ 的物质点间距可使冰桨铣削冰载荷计算收敛性得到保证。

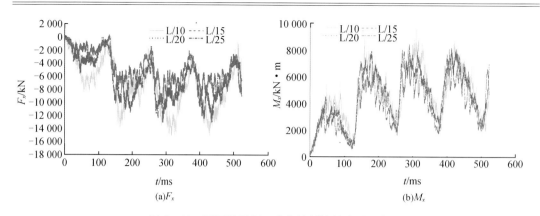

**图4-15 不同粒子间距冰桨铣削接触力时历曲线**

为了更加直观地分析冰模型物质点间距的收敛情况,从4.15图中获得不同物质点间距下力和力矩的平均值和最大值,并将其绘制成曲线图,如图4-16所示。图4-16中纵坐标为力或者力矩的大小,而横坐标为冰模型在 $x$ 轴方向上的布置个数,那么冰模型物质点间距即为 D 除以横坐标值。由图4-16可知,随着物质点间距的减小,力或力矩的平均值和最大值迅速减小,而当物质点间距达到 $\Delta x = L/20$ 时,曲线趋于稳定。

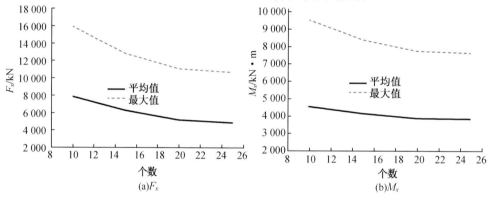

**图4-16 不同粒子间距冰桨铣削接触力平均值和最大值**

图4-17给出四种冰模型物质点间距下的海冰破碎情况。由图可知,当物质点间距为 $\Delta x = L/10$、$\Delta x = L/15$ 时,冰块呈现粉末性破碎,无法模拟出裂纹的生成和碎冰块的形成过程。由前文冰桨铣削特点分析可知,在冰桨铣削过程中冰块局部区域将受到挤压和剪切而出现一些裂纹,并且由于桨叶切削冰块将形成碎冰块,可见物质点间距为 $\Delta x = L/10$、$\Delta x = L/15$ 的模拟结果是不准确的。而选用 $\Delta x = L/20$ 和 $\Delta x = L/25$ 的物质点间距可更真实地模拟出冰桨铣削工况下的海冰破坏特征。由图可知,海冰由于受到桨叶的切削作用,生成了不同大小的碎冰块,接触区域附近有裂纹形成。因而,物质点间距 $\Delta x = L/20$ 可用于模拟冰桨铣削过程中海冰破碎问题的模拟。由此可得出以下结论:采用近场动力学方法对冰桨铣削进行模拟时需选择合理的物质点间距,因为物质点间距过大将可能无法模拟出海冰的裂纹生成过程,需要根据螺旋桨模型的尺度大小合理选择物质点间距。该结论同样适用于其他结构物与海冰材料接触过程的模拟。

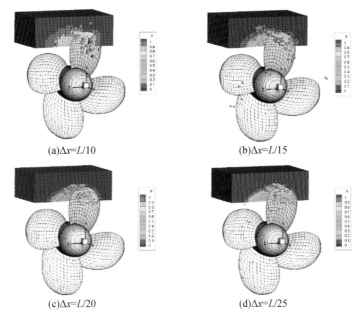

(a)Δ$x$=$L$/10　　　　　　　　　　(b)Δ$x$=$L$/15

(c)Δ$x$=$L$/20　　　　　　　　　　(d)Δ$x$=$L$/25

图 4 - 17　不同粒子间距冰桨铣削海冰破碎情况

通过冰模型物质点间距对冰桨铣削计算结果的影响分析,选用物质点间距 Δ$x = L/20$ 可准确模拟接触冰载荷和海冰破碎过程。因此,在以下冰桨铣削中冰模型物质点间距均采用 Δ$x = L/20$。

# 4.5　计算方法的验证

在上一节中,为保证计算模型的准确性和收敛性,开展了冰模型物质点间距、螺旋桨网格划分方式和划分数目对计算结果影响分析。为验证建立的冰桨铣削计算模型的有效性,本节将开展计算值和其他学者实验值的对比分析。

## 4.5.1　冰载荷的瞬态变化对比

从 20 世纪 60 年代开始,学者们陆续开展了一系列冰桨铣削实验研究,用于探究冰桨铣削作用的一些机理。由于不同学者使用的实验装置和设备、实验方法、冰模型等有较大的差异,不同学者实验测量数据也有很大的差异,而且得出的结论各不相同,很难将其与本章计算值一一比对分析。而与其他学者相比,J. Y. Wang 等[6] 开展的冰桨铣削实验较为系统,而且实验装置也比较先进,能够测量出单个桨叶和整个桨叶瞬时冰载荷大小。因而,本章对比分析所用的实验数据也主要来源于该学者所著的文献。而且该学者实验用的螺旋桨模型是 R-class 桨,而本章算例使用的螺旋桨模型是参考 R-class 桨通过优化设计得到的,因而两者的几何特征比较一致。纽芬兰纪念大学 J. Y. Wang 等[6] 的冰桨铣削实验选用的螺旋桨模型是加拿大海岸警卫队 R-class 级冰区桨,模型桨的直径为 0.3 m,螺距比为 0.76,盘面比为 0.699。

J. Y. Wang 的博士论文给出了铣削深度 35 mm、螺旋桨转速 5 r/s、进速 0.5 m/s 工况下的单个桨叶一次切削冰块过程中的冰载荷随旋转角度变化的实验值。图 4 – 18 为文献[6]中实验装置示意图。为了能够与文献的实验数据进行对比,参照文献的实验安排,将 4.3.2 节实桨缩尺到直径 0.3 m,计算工况与文献工况设置相同。由于文献未给出冰材料的具体参数,需要通过不断改变计算模型中海冰材料物理力学参数来获得与文献较为吻合的结果。最终,获得冰材料参数为弹性模量 $E = 240$ MPa,密度 $\rho = 800$ kg/m$^3$,材料极限伸长率定 $s_0 = 0.032$。

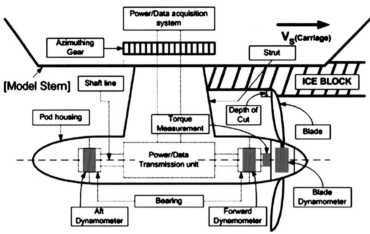

**图 4 – 18　文献[6]中冰桨铣削实验示意图**

图 4 – 19 为计算冰桨铣削过程中力和力矩曲线与实验数据的对比。由图可知,两条曲线波峰附近区域属于接触区域,从整体来看两条曲线吻合得较好,但是由于冰桨作用的随机性,不可能使两条曲线完全一致。由于实验是在冰水池中开展的,进行冰桨铣削实验时螺旋桨既受到流体的作用,也受到接触冰载荷的作用。实验值表明,在桨叶未受到切削时也受到力的作用,这个力主要是桨叶受到的水动力载荷,并且可以观察到力也发生波动,这可能是由于在冰桨相互作用下桨叶附近的水流比较复杂,伴流场不均匀引起的。从实验值还可获得这样的信息,那就是冰桨接触时产生的水动力比螺旋桨接触冰载荷产生的力要小得多。

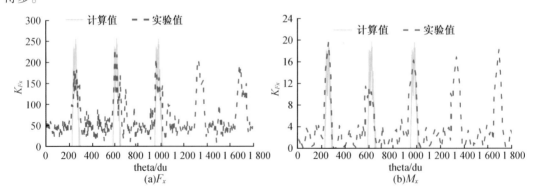

**图 4 – 19　接触力和力矩计算值与实验结果的对比**

### 4.5.2　冰的破碎方式对比

由于目前还未见有文献给出冰桨铣削过程中不同时刻的冰块的破碎图片,无法详细地将冰桨铣削过程模拟结果与实验结果进行比较。通过查阅文献[7]发现,M. M. Karulina 给出了实验过程某个时刻的冰桨铣削情况,以及实验后的海冰破碎情况。这里 r 计算模型和冰材料参数设置与 M. M. Karulina 模型试验工况相同,计算工况选为螺旋桨转速 5 r/s,冰进速为 0.2 m/s。

图 4 - 20 给出冰桨铣削过程中海冰的破碎情况。由图可知,模拟的冰桨铣削过程中海冰的破碎情况与实际情况相符合,由于受到桨叶的切削作用,不断地有碎冰形成,并加速向后抛出。

(a)数值模拟　　　　　　　　　　　　　(b)实验测量

**图 4 - 20　冰破碎模式模拟结果与实验结果的对比**

图 4 - 21 给出冰桨铣削后的海冰的破碎情况,由图可知,模拟的冰桨铣削过程中海冰的破碎情况与实际情况相符合,冰桨铣削后有一道道划痕形成。

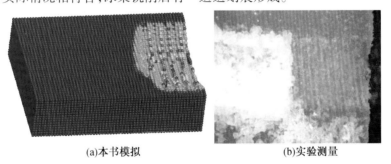

(a)本书模拟　　　　　　　　　　　　　(b)实验测量

**图 4 - 21　铣削后冰块划痕模拟结果与实验结果的对比**

## 4.6　冰桨铣削动态特性分析

本算例采用实桨为例测试建立的计算方法在捕捉冰桨铣削过程中海冰的破碎现象以及计算冰载荷方面的能力。冰块以 1.8 m/s 的速度沿轴向运动,螺旋桨的转速为 3 r/s。冰块离散后的物质点之间的间隔为 $\Delta x = L/20$,螺旋桨表面弦向和展向面元网格划分数目均为 24。为了确保冰块能够连续与螺旋桨接触,将海冰最前端物质点设置成以 1.8 m/s 的恒定速度沿轴向运动。

### 4.6.1　冰的破碎特征

图 4-22 给出了冰桨铣削条件下螺旋桨旋转一周过程中海冰的破坏情况。图 4-22 中的颜色代表键的破坏水平,蓝色代表冰物质点处于无损状态,而红色代表冰物质点完全破碎状态。

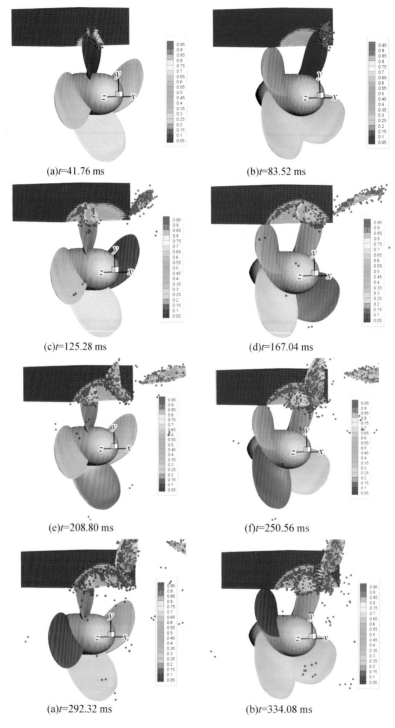

(a)*t*=41.76 ms　　　　　　　　(b)*t*=83.52 ms

(c)*t*=125.28 ms　　　　　　　(d)*t*=167.04 ms

(e)*t*=208.80 ms　　　　　　　(f)*t*=250.56 ms

(a)*t*=292.32 ms　　　　　　　(b)*t*=334.08 ms

**图 4-22　冰桨切削动态变化过程**

图 4 – 22(a)(b)表示第一个桨叶切削冰块的过程,从冰物质点颜色的深浅可以看出,冰物质点受到螺旋桨切削后物质点的损坏明显增加,由于第一桨叶初始切削深度较小,切出的冰破碎程度高,形成的碎冰块的尺度较小。冰桨铣削过程中,冰块有一个向前运动的速度,因而第二个桨叶切削冰块的深度明显增大,切出的碎冰块较为完整且体积相对较大,如图 4 – 22(c)(d)所示。第三桨叶之后,冰桨铣削过程基本达到稳定,表现为周期性切削,不同桨叶切削过程中的切削深度和切削形成的碎冰块尺度较为类似,如图 4 – 22(e)(f)所示。总体来看,冰块在受到螺旋桨的切削后会形成凹槽,螺旋桨桨叶每切削一次,凹槽的深度都会增加。由于冰桨铣削过程中,冰块裂纹形成有较大的随机性,导致碎冰形状的形成有很大的随机性,这受到较多因素的影响,如螺旋桨形状和运转速度、海冰自身特点等。碎冰在螺旋桨的切削作用下会加速运动,并在桨后被螺旋桨高速抛出,很可能会打到船体艉部结构,引起船体冰激振动或者船底板瞬时高应力,对船舶结构有很大的危害作用,开展冰区船舶的设计和研发时需要特别注意这一点。

以上描述的切削过程与 B. Veith[8]研究结果是一致的,图 4 – 23 给出了 B. Veith[8]研究的桨叶翼型剖面铣削冰块的过程。图 4 – 23 中标号 1 ~ 10 为第一个桨叶剖面与冰块接触过程,标号 11 ~ 15 为第二个桨叶剖面与冰桨接触过程。第一个桨叶剖面切铣冰块过程中,由于切削深度非常小,形成的碎冰基本呈现出粉末状,而当第二个桨叶剖面切削冰块过程中,切削深度明显增大,切削出了较大的碎冰块。

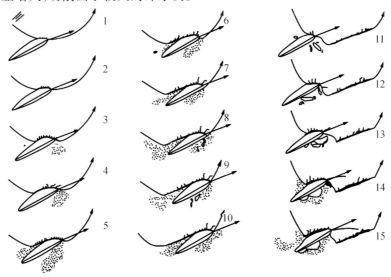

**图 4 – 23　桨叶剖面铣削冰块过程**

总之,图 4 – 22 非常形象地模拟出了冰桨铣削过程中海冰破碎的动态过程,这也表示了本章建立的冰桨铣削模型能够较好地模拟冰的动态破坏行为,以及提出的冰桨接触识别算法的有效性。

## 4.6.2　整个螺旋桨和单个桨叶的冰载荷特征

图 4 – 24 给出了冰桨铣削过程中螺旋桨在各个方向的力和力矩时域曲线。为了便于观察曲线的细节特征,只给出了螺旋桨从初始时刻开始旋转一周过程中力和力矩时域曲线。

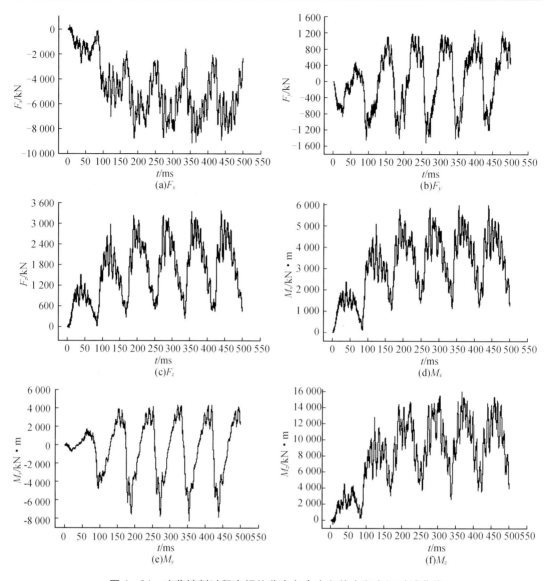

**图 4 - 24　冰桨铣削过程中螺旋桨在各个方向的力和力矩时域曲线**

由图 4 - 24 可知,第一个桨叶在 0 ~ 80 ms 范围内切削冰块,在该段时间内螺旋桨在各个方向的最大的力和力矩要明显低于随后桨叶切削的力。这是由于第一个桨叶切削深度要少于随后桨叶,这一点也可从图 4 - 22(b)中看出,从中可以推断出冰桨铣削工况下切削深度对接触冰载荷有很大的影响。第二个桨叶在 80 ~ 175 ms 范围内切削冰块,其各个方向的最大的力和力矩相比与第一个桨叶有较大的提高,但是要小于随后桨叶的冰载荷大小。从第三个桨叶起,螺旋桨在各个方向的最大的力和力矩均相当,而且呈现出一定的周期性分布,这是由于随后的每一个桨叶切削冰块的深度是相同的。将不同方向上的力或力矩对比,可以看出该计算工况 $x$ 方向上的力或力矩要明显高于 $y$ 和 $z$ 方向。而且 $x$ 方向上的力为负向,表明该计算工况下冰桨铣削将会产生额外的推力。图中可以注意到 $y$ 方向上的力在正向和负向均较大,而且是交替出现的,这主要是与坐标系的定义有关,可以结合图 4 -25进行解释,当桨叶刚开始切入冰块时受到的力是向下的,为负向;而当桨叶切出冰块时受到的力则是向上的,为正向。从总体来看,冰桨铣削过程中螺旋桨在各个方向的力和力矩剧烈脉动。将可能产生严重的冰激振动,过大的脉动力分量会引起轴系和船体振动,对船舶的安全航行有很大的影响。

图 4 - 26 给出了冰桨铣削过程中螺旋桨旋转一周过程中单个桨叶各个方向的力和力矩时域曲线。将图 4 - 26 和图 4 - 24 对照分析,可以发现图 4 - 26 中各个方向的力和力矩曲线与图 4 - 24 基本重合,

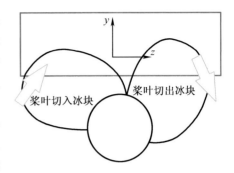

图 4 - 25　桨叶切入和切出冰块示意图

局部位置有差异。重合的部分是由于该时间段只有一个桨叶与冰块切削,因而该桨叶的力和力矩等于整个螺旋桨的力和力矩。而局部位置有差异的原因是由于该时间段有两个桨叶和冰块接触,即一个桨叶刚开始切入冰块,另一个桨叶开始切出冰块,此时整个螺旋桨的力和力矩等于这两个桨叶力和力矩的叠加。

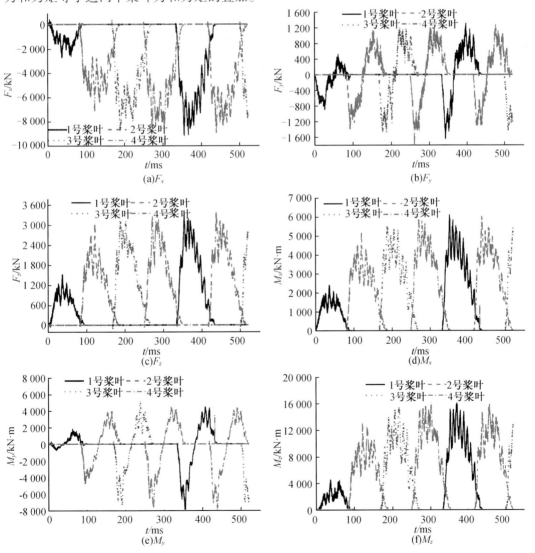

图 4 - 26　冰桨铣削单个桨叶力变化曲线

### 4.6.3　轴承力特性

在得到螺旋桨接触冰载荷时域结果后,可基于快速傅里叶变换(FFT)把时域结果转为频域结果,从而实现对螺旋桨轴承力的频域分析。开展傅里叶变换要确定好采样频率和分析频率,避免由于采用频率过小引起频率的混叠。根据采用定理,需保证采样频率 $f_s$ 大于2倍的原信号最大频率 $f_m$。

傅里叶变换可由下式定义

$$X(f) = \int_{-\infty}^{\infty} x(t) \exp(-j2\pi f t)\, dt \tag{4-4}$$

式中 $X$ 表示频域下的信号幅值,$x$ 表示时域下的信号值。

假如在时间 $t$ 内采集了 $N$ 个点,那么傅里叶变换的结果为离散频率 $f_k = k\Delta f$ 的序列,$\Delta f = \dfrac{1}{t}$。从而,离散形式的傅里叶变换表示为

$$X(k\Delta f) = \sum_{n=0}^{N-1} x(nt_s) \exp\left(-j2\pi \frac{nk}{N}\right) t_s \tag{4-5}$$

通过上述分析,假如采样时间 $t$ 越小,频率间隔 $\Delta f$ 越大,将无法看到低频处的信号特征。但是,螺旋桨轴承力较大的幅值往往是在低频处的,具有低频离散的特点。为了便于开展冰桨铣削低频处的轴承力分析,需要加大冰块的长度,使得螺旋桨切削冰块的时间能够长一些。待冰载荷计算稳定后,开始监测螺旋桨非定常轴承力六个脉动分量的时域数据,包括推力、横向力和垂向力及转矩、横向弯矩和垂直弯矩。由前文分析可知,当第三个桨叶切入冰块中时,后续的冰载荷是稳定变化,因而这里采用第三个桨叶第一次切入冰块时刻以后的轴承力六个脉动分量。

但是,由于冰块长度的加大必然会导致冰物质点数量的增加,从而导致计算时间的急剧增大。为了实现低频轴承力分析,可对计算周期进行延拓。本章编译了相应的 matlab 计算程序,进行周期的延拓及傅里叶变化分析。将采集到的六个脉动力分量无量纲化,并将其绘制成时域曲线,并经 FFT 变换成频域曲线。图 4-27 给出了螺旋桨轴承力脉动时域和频域曲线。

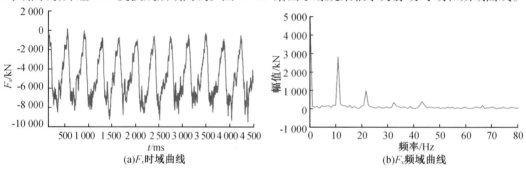

(a)$F_x$时域曲线　　　　　　(b)$F_x$频域曲线

**图 4-27　冰桨铣削时域和频域曲线**

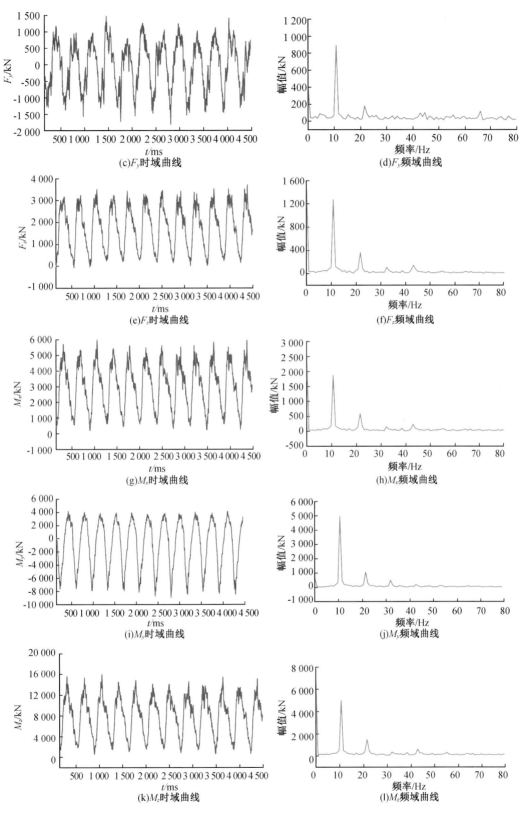

图 4 - 27(续)

由时域曲线图可知,其时域曲线为锯齿状,螺旋桨非定常轴承力的六个分量均有一定的周期性,不同周期之间又存在一些区别,这是因为冰裂纹生成的随机性,导致冰载荷的大小也有一定随机性特点。从图中大概可以估算出一个周期时长大约为 0.085 s,大概等于螺旋桨旋转周期的四分之一。由于该桨为四叶桨,每个桨叶交替切削冰块,从而一个旋转周期内非定常推力及力矩均呈现为四周期分布。每个周期内轴承力的六个分量脉动幅度非常大。M. M. Karulina[7]认为周期性冰载荷是引起推进系统结构疲劳损坏和船体结构振动的主要原因,计入冰载荷振动影响,船体振动将增加 3 ~ 4 倍,但是其理论模型是通过试验建立起来的,无法计入冰的物理和力学参数的影响,因而计算方法有较大缺陷。从频谱曲线来看,其主要脉动频率是叶频(12 Hz)和倍叶频(24 Hz),其中以叶频处脉动峰值最大,其他频率脉动幅值基本可以忽略不计。

# 4.7　冰桨铣削时的遮蔽效应分析

在研究冰桨接触碰撞问题时,发现进速系数较小的工况下螺旋桨旋转时前后块桨叶所承受的冰载荷存在较大的差异,表现出显著的后桨叶冰载荷受前桨叶遮蔽而减小的现象,这是由遮蔽效应导致。研究冰桨接触时发现,遮蔽效应并不总是存在,产生原因及对桨叶冰载荷的影响受外部工况条件决定。对遮蔽效应的研究会为揭示复杂的冰桨接触作用机理提供较大的帮助。

目前,船海领域内对遮蔽效应的研究开展的并不多,主要集中在海工领域。其中 K. Kato[9]最早通过模型试验的方法确定了直立腿和锥体平台在不同冰向下的遮蔽系数。G. W. Timco[10]以渤海 JZ20 - 2 油气作业区的四桩腿结构为基础,开展模型试验并进一步分析了冰荷载的遮蔽效应。大连理工的王帅霖[11]基于离散元方法对多桩锥体海洋平台冰载荷的遮蔽效应开展研究,重点分析了不同冰流方向下各桩腿间冰载荷的互相遮蔽现象,并参考冰力衰减系数的概念提出了新的针对此类问题的遮蔽系数计算公式。而在冰区螺旋桨方面,2005—2007 年 J. Y. Wang[12]利用 IOT(institute for ocean technology)的低温水池开展了一系列的常规桨和吊舱桨的模型试验,根据试验的结果提出遮蔽效应会对冰桨切削载荷产生较大的影响,并在忽略桨叶厚度的前提下,给出了冰载荷遮蔽系数的简化版计算公式。前人有关遮蔽效应在冰桨切削作用方面的研究大都停留在对遮蔽现象的阐述和较为简单的遮蔽系数的计算,并没有对遮蔽效应产生的原因及其对桨叶冰载荷的作用机理进行研究。为了研究遮蔽效应的作用机理,需要对遮蔽效应产生原因、影响因素等方面开展更深入的研究。

## 4.7.1　计算模型及工况设置

冰桨切削中的遮蔽效应是由 J. Y. Wang 率先提出的,指的是螺旋桨与海冰接触过程中,由于前桨叶在冰块内部切出凹槽,导致后桨叶叶面未与海冰完全接触,叶面冰载荷减小,桨叶整体冰载荷增大。J. Y. Wang 还提出遮蔽系数的概念,用来反应遮蔽效应对冰桨切削的影响程度。计算的螺旋桨模型是以加拿大海岸警卫队 R 级破冰船上装载的四叶 1200 系列 R - class 冰级桨为原型,由课题组独立设计的各方面性能相当的 Icepropeller I 螺旋桨。在参考冰桨接触过程中海冰承受较高的应变率表现为脆性破坏的事实基础上,利用典型的

PMB 材料来构建海冰模型,设置海冰的弹性模量 $E = 1.8$ Gpa,泊松比 $\mu = 0.25$,密度 $\rho = 900$ kg/m³。海冰模型设置为长方体形状,其长 $l = 200$ mm,宽 $w = 80$ mm,高 $h = 66$ mm,海冰模型利用近场动力学方法来构建,近场动力学中的键性破坏参数设置为 $s_0 = 0.003\ 2$,时间步长 $\Delta t = 0.034\ 8$ ms。冰和桨的模型分别单独建立好后,利用 TD 接触判别检测理论[13] 就可以把两种模型结合起来,建立完整的冰桨接触预报数值模型。其桨叶主要几何参数如表 4 – 1 所示,冰桨接触模型如图 4 – 28 所示。

表 4 – 1   Icepropeller I 螺旋桨几何参数

| 直径/m | 毂径比 | 叶数 | 盘面比 | 螺距比 | 纵倾角/° |
|---|---|---|---|---|---|
| 0.3 | 0.3 | 4 | 0.67 | 0.78 | 10 |

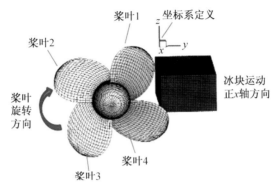

图 4 – 28   冰桨接触判别预报数值模型

## 4.7.2   遮蔽效应的存在性验证

为了更加直接地证明遮蔽效应在冰桨切削过程中的存在,本小节对应地开展冰桨相对进速为 0 的切削工况下的数值模拟,冰的速度为 0,桨的转速 $n = 5$ r/s。为了更好地比较四块桨叶的冰载荷,同时考虑到本工况下冰块进速为 0,切削时不需要太大的长度,冰块尺寸设置为 120 mm×60 mm×180 mm。图 4 – 29 是 0 进速下前后四块桨叶切削冰块的动态变化过程。

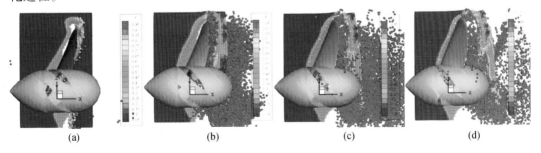

图 4 – 29   0 进速下前后四块桨叶切削冰块过程

图 4 – 30 描绘了 0 进速下每块桨叶冰载荷时域曲线,在冰块 0 进速的工况下,后桨叶受到的冰载荷总是要大幅度小于前桨叶。第一片桨叶受到的载荷幅值为 1 090.1 N,第二片为 554.9 N,第三片为 105.7 N,第四片为 1.8 N。这是由于前桨叶在和冰块接触的过程中,对

冰结构强度造成破坏,并导致冰块内部大量碎冰随桨叶抛出,使得冰块内部产生空槽。冰块内部的空槽会遮蔽后片桨叶部分桨表面积,使得后桨叶和冰块实际接触到的面积远远小于前桨叶。而冰桨接触面积和冰结构强度的大小决定着桨叶受到的冰载荷的大小,所以后桨叶受到的冰载荷要大幅度小于前桨叶。从图4-29可以看出,第四片桨叶和冰块接触时受到的冰载荷接近于0。可以结合图4-30对此进行分析,在第四片桨叶和冰块接触前,由于前面桨叶的切削作用,冰块已经被切分成两块,导致第四片桨叶在转动过程中桨表面几乎接触不到冰,所以第四片桨叶受到的冰载荷也几乎为0。总的来说,在冰块0进速的工况下,遮蔽效应对桨叶冰载荷的影响很大。

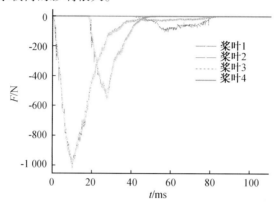

图4-30　0进速下每块桨叶冰载荷时域曲线

### 4.7.3　遮蔽效应产生原因的分析

由图4-31(a)和图4-31(b)的冰桨切削实图和数值图可以发现建立的模型很好地模拟了冰块受切削后的状态,进一步验证建立模型的准确性。同时,为了更加方便地阐述冰桨切削中遮蔽效应产生的原因,本书根据模型试验和数值预报的结果引用了概念简图,如图4-31(c)所示。

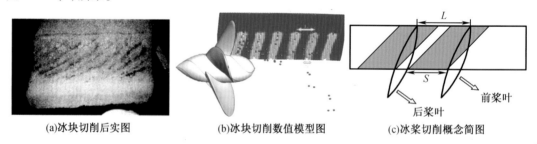

(a)冰块切削后实图　　　　(b)冰块切削数值模型图　　　　(c)冰桨切削概念简图

图4-31　冰桨切削实图、模型图、概念简图

图4-31(c)中,桨叶与冰块接触时造成冰结构受损区域的轴向距离为$S$,前后桨叶与冰块发生接触作用位置的轴向距离为$L$。阴影部分表示冰强度受桨叶破坏的区域,当$L$小于$S$时,表明后桨叶与冰块刚发生作用就接触到强度受损的冰结构,此工况下冰桨切削运动会受到遮蔽效应的影响。并且$L$越小,后桨叶和前桨叶与冰块接触的位置就越重叠,后桨叶接触的冰结构被前桨叶破坏得越严重,遮蔽效应的影响越大。当$L$大于$S$时,后桨叶发生冰桨作用时接触的冰强度没有遭到破坏,故此工况下遮蔽效应的影响很小。这也解释了

上文中冰块进速为 0 时遮蔽效应作用很强,且进速增加,遮蔽效应减弱。因为冰块进速为 0 时,前后桨叶和冰块接触时的位置重叠,意味着 $L$ 为 0,$S$ 的大小基本不变,后桨叶接触到的冰结构被前桨叶破坏程度最高。而当进速增大时,前后桨叶与冰块初始接触位置的距离 $L$ 在增大,$S$ 虽然也略有增加,但是增大的趋势没有 $L$ 大,后桨叶接触到的冰结构受前桨叶破坏的程度在下降,故遮蔽效应的影响也在减小。综上可知,遮蔽效应产生与否是受距离 $L$ 和 $S$ 的大小比较来决定的。

### 4.7.4　遮蔽系数

由上文分析可知,随着进速增加,遮蔽效应对冰桨切削的影响程度在下降,一般通过遮蔽系数来反映遮蔽效应的影响程度。在文献[6]中,用螺旋桨在铣削过程中最大叶剖面与冰块接触时桨叶受遮蔽面积 $A_S$ 和桨叶面积 $A_B$ 的比值来表示遮蔽系数,如下式所示

$$C_S = \frac{A_S}{A_B} \tag{4-6}$$

式中　$C_S$——遮蔽系数;

　　　$A_S$——遮蔽面积;

　　　$A_B$——桨叶面积。

但由于冰桨切削过程中,工况的变化会导致主桨叶与冰接触的最大截面叶剖面位置的改变。当螺旋桨铣削深度为 10 mm、15 mm、35 mm 时,冰桨接触的主桨叶最大截面的叶剖面的位置分别为从桨毂中心出发距离 0.09 m(0.90 R)、0.085 m(0.85 R)、0.065 m(0.65 R)处的剖面。冰桨接触过程中最大截面剖面位置的不确定性给具体遮蔽系数的计算增加了难度。而且式(4-6)中的遮蔽系数只能反映冰桨接触力最大时刻的遮蔽效应程度,而遮蔽现象在冰桨切削整个过程都有发生,仅用某一时刻的遮蔽效应程度来表示整个过程的遮蔽效应程度的方式存在片面性。因此,需要提出一种新的遮蔽系数的计算公式。本小节参考海洋平台中冰力衰减系数的概念,结合遮蔽效应产生的原因提出全新的遮蔽系数计算公式。遮蔽效应是指由前桨叶带给冰块强度的破坏影响后桨叶受到的冰载荷。当 $S$ 小于 $L$ 时,后桨叶没有接触到强度受损的冰结构,不产生遮蔽效应,所以遮蔽系数为 0。而当 $S$ 大于 $L$ 时,后桨叶会切削到强度受损的冰结构,且 $L$ 越小,前后桨叶与冰块接触的初始位置越重叠,冰桨切削受遮蔽效应的影响越大,遮蔽系数越大。遮蔽系数计算公式为

$$C_S = \begin{cases} 0 & S < L \\ 1 - \dfrac{L}{S} & S \geqslant L \end{cases} \tag{4-7}$$

式中,$S$ 指前后两块桨叶刚与冰块接触位置的初始距离,$L$ 为前后块桨叶与冰块刚发生接触作用位置的轴向距离,$L$ 的计算公式为

$$L = \frac{v}{zn} = \frac{JD}{z} \tag{4-8}$$

式中,$v$ 为冰块进速,$z$ 为螺旋桨叶数,$n$ 为螺旋桨转速,$J$ 为螺旋桨进速系数,$D$ 为螺旋桨直径。$S$ 的大小与作用区域角度 $\alpha$、进速系数 $J$、冰的材料属性有关。为了求解 $S$,先定义一下冰桨切削全过程中的几个参数,图 4-32 是单桨叶和冰块接触全过程概念简图。

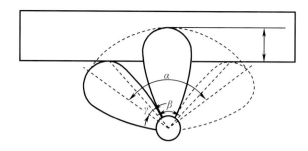

**图 4 - 32　冰桨切削概念简图**

$\alpha$ 是从刚开始接触冰块到离开冰块桨叶母线的夹角，$\beta$ 是冰桨发生作用的扇形区域的圆心角，$\gamma$ 是冰桨接触时桨叶母线和扇形弧线的夹角。$\gamma$ 的大小是由切削深度、桨叶盘面比、叶数三个参数来决定。相比于 $\alpha$、$\beta$，$\gamma$ 是个小量，因此引入修正系数 $e_*$ 来表示 $\gamma$ 的大小。

$$\alpha = \beta + 2\gamma = \beta(1 + e_*) \qquad (4-9)$$

$$e_* = \frac{\pi A_E c}{z A_O r} \qquad (4-10)$$

$$\beta = 2\arcsin\frac{r-c}{r} \qquad (4-11)$$

式中，$c$ 为冰块被切削的最大深度，$A_E \cdot A_O^{-1}$ 为桨叶盘面比，把式（4 - 11）、式（4 - 10）代入式（4 - 9）中可得：

$$\alpha = 2\arccos\frac{r-c}{r} \times \left(1 + \frac{\pi A_E c}{z A_O r}\right) \qquad (4-12)$$

在计算中发现 $S$ 随 $\alpha$ 增大而增大，随 $J$ 的增大而减小，提出冰块强度破坏区域长度 $S_d$。

$$S_d = S_0 \frac{\dfrac{\alpha}{J}}{\dfrac{\alpha_0}{J_0}} \qquad (4-13)$$

式中，$S_0$、$\dfrac{\alpha_0}{J_0}$ 分别为基础工况下冰块受桨叶破坏区域的轴向特征长度及切削区域角度和进速系数的比值，由于冰与结构物作用存在加载卸载的周期性作用，可以结合对冰载荷频域分析来得到冰破坏区域的特征长度。D. S. Sodhi 和 C. E. Morris 给出了冰与结构物作用特征长度的公式：

$$S_0 = \frac{v'}{f} \qquad (4-14)$$

式中，$f$ 是结构物受到冰力的固有频率，$v'$ 是冰块与结构物的相对运动速度，计算公式如下。

$$v' = \sqrt{v^2 + (n\pi D)^2} \qquad (4-15)$$

将式（4 - 8）、式（4 - 14）代入到式（4 - 7）中，得到总的遮蔽系数的计算公式。

$$遮蔽效系 \ c_s = \begin{cases} 0 & S < L \\ 1 - \dfrac{\alpha_0 f J^2 D}{J_0 \alpha Z \sqrt{v^2 + (n\pi D)^2}} & S \geqslant L \end{cases} \qquad (4-16)$$

为了计算遮蔽系数，需要获得桨叶所受冰力的固有频率，因此，对基础工况下的冰桨切削载荷进行频域分析，选择的基础工况为 J. Wang[6] 的模型试验工况，螺旋桨直径 $D =$

0.3 mm,冰桨切削深度 $c = 0.35$ mm,$J = 0.3$,$\dfrac{\alpha_0}{J_0} = 3.17$。海冰模型设置为长方体形状,其长 $l = 200$ mm,宽 $w = 80$ mm,高 $h = 66$ mm。桨叶所受冰载荷的时域变化和经过 FFT 技术(快速傅里叶变换技术)得到的频域变化如图 4 − 33 所示。从图 4 − 33 中能看出,基础工况下冰桨切削过程中冰载荷的固有频率 $f = 79$,因此可以求出不同进速系数下的遮蔽系数。遮蔽系数曲线如图 4 − 34 所示。

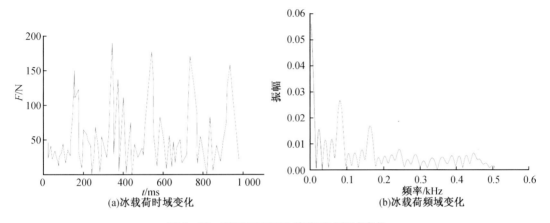

(a)冰载荷时域变化　　　　　　　　　　(b)冰载荷频域变化

**图 4 − 33　基础工况下冰载荷时域频域变化**

　　从图 4 − 34 能够看出,建立的遮蔽系数公式能很好地预报遮蔽效应对不同进速系数冰桨切削的影响程度,虽然和参考文献[6]提出的公式比结果偏大,但总的变化趋势和遮蔽系数零点的吻合度还是相当高的。遮蔽系数在进速系数为 0 时最大,后面随着进速系数的增大而减小,在进速系数等于 0.45 左右减小到 0,其后进速系数再增大时遮蔽系数没有变化。分析进速系数增大,前后桨叶和冰接触的距离间隔越大,后桨叶接触到的冰结构受前桨叶破坏的程度越小,故遮蔽效应对冰桨切削的程度越小,在进速系数为 0.45 时,后桨叶接触的冰结构没受到前桨叶的破坏,冰桨接触过程不存在遮蔽效应,故进速系数为 0。且本节的公式反应整个过程遮蔽效应影响程度,确定接触工况后就能计算得出遮蔽系数,过程比较简单,而参考文献[6]中的公式仅反应最大冰力时刻遮蔽效应影响程度,并且还需通过在模型试验中测量计算得到,过程烦琐。

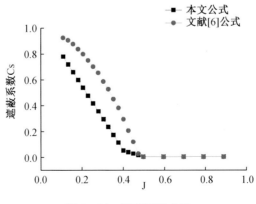

**图 4 − 34　遮蔽系数曲线**

### 4.7.5　遮蔽效应对桨叶冰载荷的作用机理分析

为了探究遮蔽效应对桨叶冰载荷的作用机理,对不同遮蔽系数下桨叶冰载荷的变化趋势及桨叶叶面叶背冰载荷的变化情况开展研究。利用前面构建的数值预报模型,进速系数分别设置为 0.2,0.4,0.6,结合前面的遮蔽系数计算可算得遮蔽系数分别为 0.82,0.4,0,切削深度 $c = 35$ mm。图 4 – 35 是不同进速系数下冰桨切削数值模拟,可以看出,进速系数越大,桨叶对冰的破坏程度越小,前后桨叶和冰接触的位置距离得越近,后桨叶接触到的冰结构强度受破坏程度越小,遮蔽效应对冰桨切削的影响程度越小。

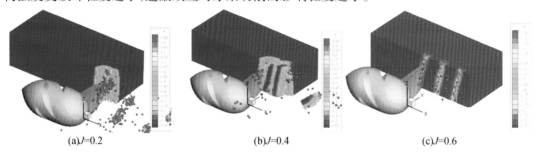

(a)$J$=0.2　　　　　　　　(b)$J$=0.4　　　　　　　　(c)$J$=0.6

**图 4 – 35　不同进速系数下冰桨切削变化过程**

图 4 – 36 绘制了不同进速(也是不同遮蔽系数)下桨叶受到的冰载荷的时域曲线,图 4.37 绘制了不同进速下桨叶叶面和叶背冰载荷时域曲线。

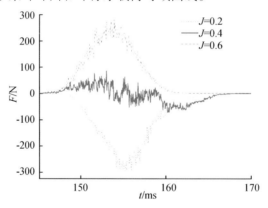

**图 4 – 36　不同进速下桨叶冰载荷时域曲线**

从图 4 – 37 中观察可知,在 $J = 0.2$ 工况下,桨叶受到的冰载荷一直是负向的;在 $J = 0.4$ 工况下,桨叶前半段受到的载荷是正向的,后半段受到的载荷是负向的;当 $J = 0.6$ 时,螺旋桨桨叶受到的力都是正向的。单片桨叶所受冰载荷的方向会随进速的变化而产生变化,这种现象正是由遮蔽效应导致的。进速系数越小,遮蔽系数越大,冰桨切削受遮蔽效应影响的程度越强,桨叶叶背在冰桨切削中被遮蔽的面积越大,故桨叶叶背受到的冰载荷在减小。且桨叶叶背受到的冰载荷都是正向的,而由于桨叶纵倾,受负向载荷的叶面受遮蔽效应的程度比叶背小,导致桨叶整体受到的冰载荷会有从负向向正向变化的趋势。在 $J = 0.2$ 工况下,遮蔽系数较大,桨叶叶背和冰块接触的面积要远远小于叶面。故桨叶整体受到的载荷为负;在 $J = 0.4$ 工况下,遮蔽系数较小,后切削过程中桨叶叶背和冰块接触的面积虽然还小于叶面但差距幅度要小于 $J = 0.2$ 的工况,因此桨叶整体载荷在负向向正向过渡;而进速为 0.6 时,遮蔽系数为 0,遮蔽效应对冰桨切削的作用可以忽略,在切削过程中桨叶叶背额外受到一个由于冰块自身运动导致的向前挤压的力,所以叶背受到的正向力要大于叶面受到的负向力,桨叶整体受到的是正向的冰载荷。从图 4-37 也能看出,进速增大时,叶背冰载荷增大幅度要明显大于叶面冰载荷。进速系数为 0.2,0.4,0.6 时桨叶叶背冰载荷均值和叶面冰载荷均值比值分别是 0.06,1.06,24.37,直观地表明遮蔽效应对桨叶叶背冰载荷的影响程度大于叶面,且进速系数增大时叶背载荷增大程度比叶面要大。提出的遮蔽效应主要影响桨叶叶面,本小节中的桨叶叶背冰载荷受遮蔽效应影响更大,分析原因是由于螺旋桨迎冰面是叶背,而参考文献[5]中模型试验螺旋桨的迎冰面是叶面,不同的迎冰面会导致遮蔽效应对桨叶叶面叶背冰载荷影响程度的不同。

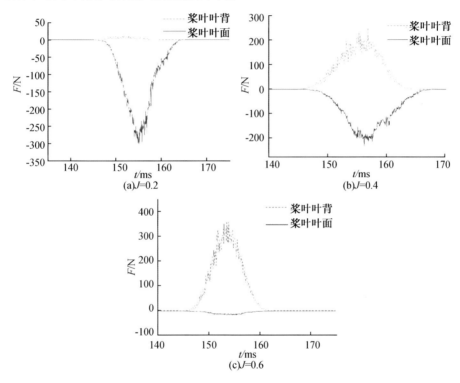

图 4-37　不同进速下桨叶叶面叶背冰载荷时域曲线

# 4.8　小　　结

本章对冰桨铣削动态冰载荷进行研究,介绍了冰铣削过程中某个桨叶剖面与冰块相互作用的特点,建立螺旋桨切削冰块的速度多边形,用以解释冰桨铣削原理,以此为基础讨论了进速系数的变化对螺旋桨冰载荷的影响。考虑冰桨铣削的特点,对冰桨铣削实际情况进行简化,建立了冰桨铣削数值计算模型。对冰桨铣削数值计算模型进行网格无关性和收敛性分析,并将计算结果与其他学者的试验数值、试验图片进行对比分析,验证冰桨铣削数值计算模型的有效性。然后,详细开展了冰桨铣削过程中的动态特性分析,探讨了冰桨铣削过程中海冰的破碎特征,整个桨叶和单个桨叶的载荷瞬态变化规律,冰载荷作用下轴承力特性,以及冰桨铣削下桨叶的遮蔽效应问题。结果表明:基于近场动力学方法实现了对冰桨切削过程中桨叶冰载荷的预报,数值预报的结果和模型试验结果的对比显示了较高的吻合度,表明数值预报方法的可行性。

## 参考文献

[1] HUISMAN T J. Optimization of ice-class ship propellers [D]. Delft:Delft University of Technology,2015.

[2] KINNUNEN A,LÄMSÄ V,KOSKINEN P,et al. Marine propeller-ice interaction simulation and blade flexibility effect on contact load [C]// Port and Ocean Engineering under Arctic Conditions Poac,June 14 – 18,2015,Trondheim,Norway:POAC,c2015:1 – 12.

[3] SEARLE S,VEITCH B,BOSE N. Ice class propeller performance in extreme conditions [J]. Transactions-Society of Naval Architects and Marine Engineers (SNAME),1999 (107):127 – 152.

[4] WALKER D. The influence of Blockage and Cavitation on the Hydrodynamic Performance of Ice Class Propellers in Blocked Flow [D]. Newfoundland:Memorial University of Newfoundland,1997.

[5] ZHAO G L,XUE Y Z,LIU R W,et al. Numerical simulation of ice load for icebreaker based on peridynamic [C]//American Society of Mechanical Engineers. Proceedings of the ASME 2016 35th International Conference on Ocean Offshore and Arctic Engineering,June 19 – 24,2016,Busan,South Korea:ASME,c2016:654 – 661.

[6] WANG J Y,AKINTURK A,JONES S J,et al. Ice loads on a model podded propeller blade in milling conditions[C]//American Society of Mechanical Engineers. 24th International Conference on Offshore Mechanics and Arctic Engineering,June 12 – 17,2005,Halkidiki,Greece:ASME,c2005:931 – 936.

[7] KARULINA M M,KARULIN E B,BELYASHOV V A,et al. Assessment of periodical ice loads acting on screw propeller during its interaction with ice[C]// ICETECH 2008,proceedings of the 8th international conference and exhibition on Performance of ships and structures in ice,July 20 – 23,2008,Banff,AB,Canada:ICETECH 2008,c2008:163 – 164.

[8] VEITCH B. Predictions of ice contact forces on a marine screw propeller during the propeller-ice cutting process[J]. ActaPolytech. Scand.,Mech. Eng. Ser.,1995(118):1 – 110.

[9] KATO K,ADACHI M,KISHIMOTO H,et al. Model experiments for ice forces on multi conical legged structures. [C]//ICETECH 1994,international conference on offshore and polar engineering,April 10 – 15,1994,Osaka,Japan:ICETECH 1994,c1994:526 – 534

［10］ TIMOC G W,IRANI M B,TSENG J,et al. Model tests of dynamic ice loading on the Chinese JZ － 20 － 2 jacket platform［J］. Canadian Journal of Civil Engineering,1992,19(5):819 － 832.

［11］ 王帅霖,狄少丞,季顺迎. 多桩锥体海洋平台结构冰荷载遮蔽效应离散元分析［J］. 海洋工程,2016,34(02):1 － 9.

［12］ WANG J,AKINTURK A,BOSE N. Prediction of Propeller Performance on a model podded proposer in ice propeller-ice interaction［D］. Vancouver:Institute for Ocean Technology,2007.

［13］ 叶礼裕,王超,常欣,等. 冰桨接触的近场动力学模型［J］. 哈尔滨工程大学学报,2018,39(02):222 － 228.

# 第 5 章　冰桨碰撞时冰载荷预报与分析

## 5.1　概　　述

冰桨碰撞工况,主要是小块碎冰与桨叶发生接触。当船舶在碎冰航道或自然条件形成的碎冰区航行时,发生冰桨碰撞的可能性将大大增加。与冰桨铣削工况相比,冰桨碰撞工况的特点有很大的不同,冰块冲击的主要形式是与螺旋桨发生接触,但由于碎冰块会连续不断地与桨叶碰撞,同样会引起螺旋桨振动、噪声及结构安全性出现问题。以试验方法研究冰桨碰撞有很大的难度,冰块处于自由无约束状态,因而很难对冰桨碰撞的过程进行控制。而采用数值模拟的方法预报和分析冰桨碰撞问题能够有效地解决这个困难。

目前,冰桨接触相关研究主要集中于冰桨铣削工况,而关于冰桨碰撞工况的研究很少。在 J. Wind 的[1]模型中,海冰的最大尺寸是基于冰块的厚度及船的宽度来确定的。冰块的线性动量可通过计算得到。假设船舶与冰块的相对速度在很短的时间间隔内不变,那么由动量定理可计算得到冰桨之间的碰撞力。这个模型没有考虑冰块的旋转。V. Laskow 等[2]推导出导管桨和普通桨与海冰碰撞的计算公式。对于导管桨,既考虑了弹性冲击也考虑了塑性冲击,楔形冰块用于塑性计算,还考虑了切割冰块引起的离心率和限制力。螺距为零的螺旋桨单次冲击运用了类似于 Wind 模型的动量方程。P. Kannari[3]在他的模型中假设了导致桨叶向前弯曲的力来自冰桨碰撞。桨叶和冰块的相对速度是基于螺旋桨转速和船航速得到的。冰桨碰撞的持续时间是基于实尺度螺旋桨冰载荷测量结果的。海冰的形状变化多样,接触压力认为是固定不变的。G. Hagesteijn 等[4]和 J. Brouwer 等[5]研制了一套用于冰桨接触过程的六自由度载荷测量试验装置,能够实现各个方向上极端动态力和力矩的测量,借助高速同步摄像机拍摄冰桨接触试验过程,应用该装置开展了冰桨碰撞试验,分析了冰桨碰撞载荷特性。

冰桨碰撞是螺旋桨在冰区条件下运转时的重要工况之一,建立可靠的冰桨碰撞计算模型可促进冰桨碰撞的研究,对冰桨相互作用的研究形成重要的补充。为此,本章将建立冰桨碰撞数值模型,并对冰桨碰撞的动态特性进行研究。首先,结合国内外相关资料,讨论了冰桨碰撞特点,包括冰桨碰撞发生的情况、碰撞过程中海冰的运动特点及冰载荷特性。然后,引入斥力模型建立不同冰块之间碰撞的数值模型,将其与第 3 章建立的冰桨接触数值计算方法相结合,考虑冰桨碰撞特点,建立冰桨碰撞的数值模型。不同的螺旋桨转向、冰块速度、冰块尺寸、冰块形状及不同冰块数量的冰桨碰撞工况下的冰桨接触动态过程,以及冰载荷的瞬态变化。最后,开展了特殊工况下的冰桨碰撞冰块破碎过程和冰载荷特性分析。

## 5.2  冰桨碰撞特点分析

通过上一章冰桨铣削工况介绍可知,该工况主要发生于大块的海冰,而且海冰容易被卡到船体与螺旋桨之间,冰块受到约束作用,使得螺旋桨能够与冰发块生持续接触作用。而冰桨碰撞在很多方面都与冰桨铣削存在差异,本节将从冰桨碰撞发生的情况、碰撞过程中海冰的运动特点及冰载荷特性等方面论述冰桨碰撞特点。

首先,通过查阅国内外相关文献,对冰桨碰撞可能发生的情况进行论述,主要有以下三种:

(1)冰桨碰撞工况主要是小块碎冰与桨叶发生碰撞,正是由于这个原因使得船舶在碎冰航道或自然条件形成的碎冰区航行时冰桨碰撞工况发生的概率较高。

(2)冰桨铣削过程中也会伴随着冰桨碰撞的发生,冰桨铣削过程中生成的小块碎冰将会从一个桨叶作用到另一个桨叶的叶背上,如图 5-1 所示。

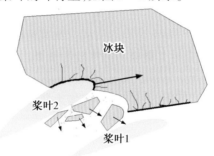

图 5-1  铣削过程中发生的冰桨碰撞

(3)破冰船在操纵工况下,大块的海冰也可能会与螺旋桨碰撞,例如在船舶减速过程中螺旋桨不动,而船依旧向前航行。在第二象限和第四象限工况下,螺旋桨反转而船舶继续前行,桨叶的叶背与海冰发生碰撞,受到较大的力的作用,使桨叶容易向后弯曲;或者螺旋桨正转,而船舶处于倒车航行状态,桨叶的叶面与螺旋桨发生接触,桨叶容易向前弯曲。如图 5-2 所示。

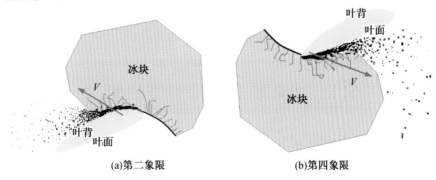

(a)第二象限          (b)第四象限

图 5-2  特殊工况下的冰桨碰撞

从冰桨碰撞过程中冰块的运动形式来看,冰桨碰撞工况下冰块处于无约束自由状态且体积较小,将会因为螺旋桨的抽吸作用,以更大的速度与桨叶发生接触。在冰桨碰撞工况下,不仅有不同冰块之间的相互作用,还有冰块与船体及冰块与螺旋桨的相互作用。因而,周围的流场非常复杂,冰块的线速度和角速度具有很大的随机性,其中,线速度决定着冰块与螺旋桨碰撞的概率、冲击点的位置及冲击速度,而角速度则会导致冰块出现不断翻转的现象。从破碎方式来看,由于冰桨碰撞工况随机性较大,使得冰桨碰撞的方式多种多样,冰块将会以较大范围内的任意速度与桨叶任意位置发生碰撞,冰冲击桨叶既可能是弹性冲击也可能是脆性冲击。当冰块以较小的速度冲击螺旋桨时,冰块只是局部发生微小的挤压破坏后,被弹开而远离桨叶;当冰块以较大的速度冲击螺旋桨时,冰块出现高应变率,在高应变率下冰块将表现为脆性材料,从而产生脆性破坏。

冰桨碰撞工况下螺旋桨受到的载荷特性与冰桨铣削工况也有很大区别。虽然碰撞引起的桨叶整体载荷通常要小于铣削的工况,但是由于冰桨碰撞的持续时间较短,将导致桨叶局部位置出现较大的冲击力,对桨叶局部位置造成很大的应力,引起桨叶局部的损坏,冲击点的位置对螺旋桨的疲劳计算也是非常重要的。因而,在冰区螺旋桨设计过程中,对螺旋桨整体加厚之后,也应对螺旋桨局部位置的几何形状进行调整,如加厚桨叶的导边和随边及叶梢部分,确保桨叶在冰载作用下依然能够保持完整,虽然可能会牺牲一定的效率,但是对于保证冰区船舶的安全航行是十分有意义的。冰桨碰撞时间短,相应的作用于桨叶上的载荷的持续时间也极短,但是冰桨碰撞的频率较为频繁。如图 5-3 所示,J. Brouwer[5]测量得到某一桨叶旋转一周过程中将有三次与冰块发生接触,每次接触的载荷大小和方向也会存在较大的区别。这种持续不断的海冰冲击将增大桨叶的旋转阻力,从而降低螺旋桨的效率。

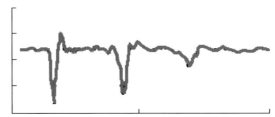

图 5-3　冰桨碰撞特点

在冰区航行船舶上,常用特种推进器主要是导管桨。导管桨由于桨叶有导管包围,因此可以有效减少冰块的碰撞,提高了推进系统的安全性。但是,冰块有可能堆积在导管前方,阻碍进流,从而引起推进器水动力性能的恶化。

## 5.3　冰桨碰撞计算模型的建立

在实际运行工况下,与螺旋桨发生碰撞的海冰形状和运动形式多种多样。为了便于冰桨碰撞数值方法的建立,需要对冰模型进行一定简化。一些学者在开展冰桨相互作用计算中也对冰模型进行了简化,例如 S. Searle 等[6]为建立冰桨干扰计算模型将冰块的形状简化为球体和方体。根据该学者冰模型的简化方法,本章所建立的冰桨碰撞计算模型中冰模型采用的也是球体和方体。在冰桨碰撞过程中,冰块通常是处于自由运动的。

为了与实际情况相符,计算过程中将所有冰块的物质点设置为自由无约束状态。由于只是关注冰桨接触过程中冰桨接触动态特性和接触载荷的变化,因而无须考虑冰桨接触之前海冰的运动轨迹问题,只需在初始时刻给定冰块一个固定的线速度或者角速度。考虑到球体和方体冰模型几何形状有公式可表达,可通过自编 FORTRAN 程序获得冰模型的物质点,冰块模型的生成思路是通过给定冰块的数量、几何参数及与螺旋桨相对位置等,运行程序生成不同冰块的物质点。在开展冰桨碰撞计算中,不同冰块物质点之间是相互独立的,但各冰块之间又存在相互碰撞。因而,需要对每个冰块设定不同标志以示区分,也方便对不同冰块定义不同物理和力学参数。图 5-4 给出了相应的示意图。

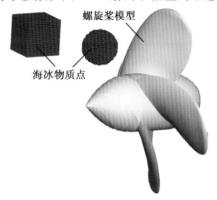

图 5-4　冰桨碰撞数值模型

# 5.4　冰桨碰撞动态特性分析

在冰桨碰撞过程中,冰块形状及与螺旋桨碰撞速度等有很大随机性。为了尽可能考虑不同情况下的冰桨碰撞动态特性,这里开展了不同参数对冰桨碰撞特性的影响,主要包括不同的螺旋桨转向、冰块速度、冰块尺寸及冰块形状下的海冰破碎特点和冰载荷瞬态变化特性。

## 5.4.1　不同螺旋桨转向对冰桨碰撞动态特性的影响

本节以直径为 $0.125D$ 球形冰为例,将冰块设置为 20.0 m/s 沿轴向运动,分别计算了螺旋桨转速正转 3 r/s 和反转 -3 r/s 的冰桨碰撞工况下的海冰的破碎情况,以及接触冰载荷瞬态变化,分析不同螺旋桨转速下的冰桨碰撞特性。

图 5-5 为螺旋桨正转过程中冰桨碰撞不同时刻冰块的破碎情况。由图可知,该工况下冰块的破碎主要有两个原因:一是桨叶导边切削冰块引起冰块的破碎;二是桨叶叶背与冰块的碰撞,因挤压破坏引起冰块的破碎。此时,只有与桨叶接触位置处的冰块出现破碎,其他部位未发生明显破碎。

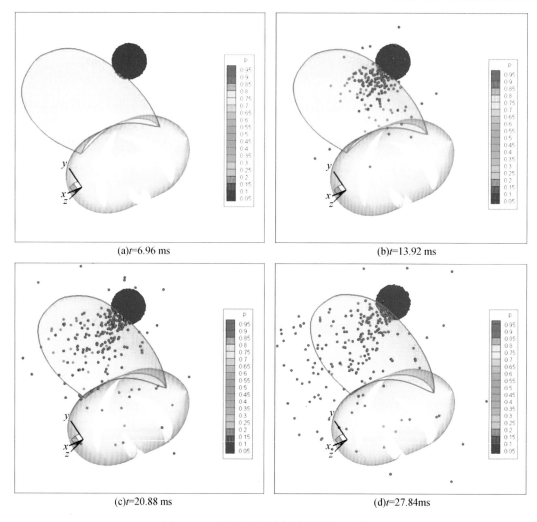

(a)$t$=6.96 ms　　　　　　　　　　　(b)$t$=13.92 ms

(c)$t$=20.88 ms　　　　　　　　　　　(d)$t$=27.84ms

**图 5 – 5　冰桨碰撞海冰的破碎过程（正转）**

图 5 – 6 为螺旋桨反转过程中冰桨碰撞不同时刻冰块的破碎情况。由图可知,该工况下冰块与桨叶叶背发生碰撞,冰块破碎主要是由挤压破坏引起的,出现了较为严重的破碎,整个冰块被分裂成许多个碎冰块。

通过对比发现,螺旋桨正转和反转过程中冰块破碎程度有着很大的区别,螺旋桨反转过程中的冰块破碎情况要明显比螺旋桨正转严重很多。这个原因可通过绘制桨叶剖面与冰块相对运动示意图来解释,如图 5 – 7 所示。由图 5 – 7(a)可知,在螺旋桨正转工况下,冰块向靠近桨叶剖面的方向运动,而桨叶剖面却向远离冰块的方向运动,因而,两者之间相互靠近的相对速度较小。由图 5 – 7(b)可知,在螺旋桨反转工况下,冰块向靠近桨叶剖面的方向运动,桨叶剖面也向靠近冰块的方向运动,两者之间相互靠近的相对速度比较大。

图 5 – 8 为不同螺旋桨转向下的冰桨碰撞过程中 $x$ 轴方向上的力和力矩随时间变化曲线。由图可知,不同螺旋桨转向冰桨碰撞过程中冰载荷曲线有很大区别。从冰载荷大小来看,螺旋桨反转过程中桨叶受到的接触冰力和力矩要比螺旋桨正转要大很多。从冰载荷曲线平滑程度来看,螺旋桨反转过程整个冰载荷曲线都比较光滑,而螺旋桨正转过程中的冰载荷曲线在前段比较光滑,而在后端冰载荷曲线开始出现波动。

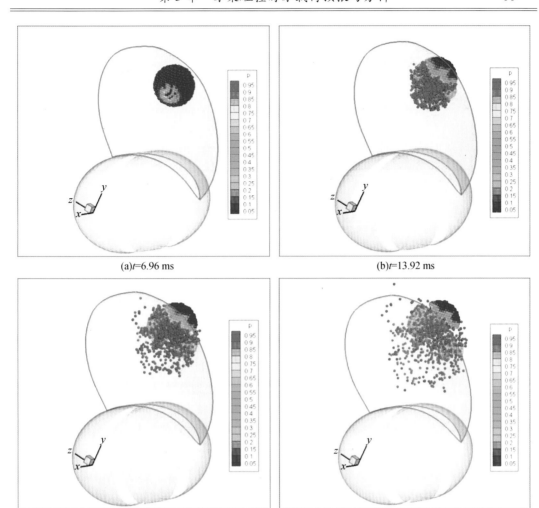

(a)$t$=6.96 ms

(b)$t$=13.92 ms

(c)$t$=20.88 ms

(d)$t$=27.84 ms

图 5 – 6 冰桨碰撞海冰的破碎过程(反转)

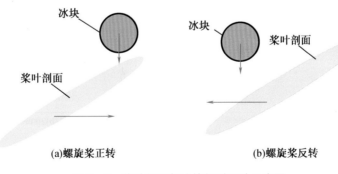

(a)螺旋桨正转

(b)螺旋桨反转

图 5 – 7 桨叶剖面与冰块相对运动示意图

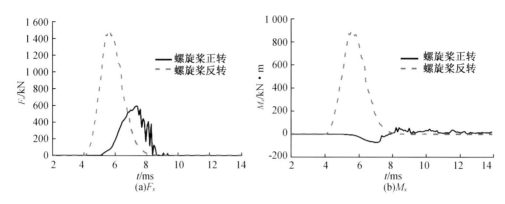

图 5 - 8　不同螺旋桨转向的冰载荷对比

### 5.4.2　不同冰块速度对冰桨碰撞动态特性的影响

本节以直径为 $0.125D$ 球形冰为例,将螺旋桨的转速设置为 0 r/s,分别计算了冰块以 10.0 m/s,20.0 m/s 及 30.0 m/s 沿轴向运动下的冰桨碰撞工况下的海冰的破碎情况,以及接触冰载荷瞬态变化,分析不同碰撞速度下的冰桨碰撞特性。

图 5 - 9 为不同冰块速度下冰桨碰撞后的冰块破碎情况。由图可知,当冰块速度为 10 m/s 时,冰块碰撞位置处只是发生轻微的破碎。当冰块速度为 20 m/s 时,冰块碰撞位置处出现了较严重的破碎。而当冰块速度达到 30 m/s 时,整个球形冰块出现了很严重的破碎,碎裂成许多碎冰块。可见,冰块碰撞速度对冰块的破碎情况有很大的影响。

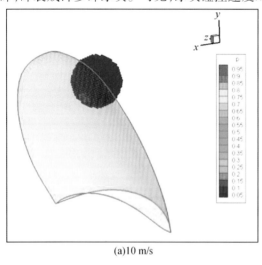
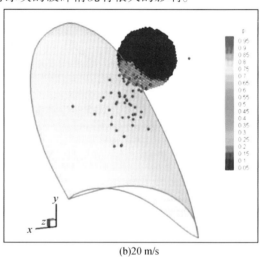

(a)10 m/s　　　　　　　　　　(b)20 m/s

图 5 - 9　不同碰撞速度下的冰块破碎特点

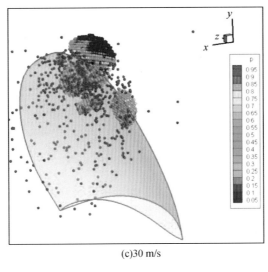

(c)30 m/s

图 5 - 9(续)

图 5 - 10 为不同冰块速度下冰桨碰撞过程中 $x$ 轴方向上的力和力矩随时间变化曲线。由图可知,不同冰块冰桨碰撞的持续时间比较接近,约为 5 ms。但是冰载荷的峰值却有很大的区别,随着冰块速度的增加,冰载荷的峰值不断增加。

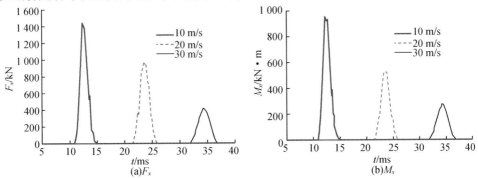

图 5 - 10　不同碰撞速度下的冰载荷对比

### 5.4.3　不同冰块尺寸对冰桨碰撞动态特性的影响

本节在螺旋桨转速为 0 r/s 和冰块速度为 20.0 m/s 的工况下,分别计算了直径为 $0.125D$、$0.1875D$ 以及直径为 $0.25D$ 的球形冰的冰桨碰撞工况下的额海冰破碎情况以及接触冰载荷的瞬态变化,分布不同冰块尺寸下的冰桨碰撞特性。

图 5 - 11 为不同冰块尺寸下冰桨碰撞后的冰块破碎情况。由图可知,当冰块尺寸为 $0.125D$ 时,只有冰块碰撞位置处出现破碎。当冰块尺寸为 $0.187\,5D$ 时,冰块破碎程度有所增加,冰块出现裂纹,但并没法碎裂成两半。当冰块尺寸为 $0.25D$ 时,冰块破碎最严重,冰块不仅出现裂纹,而且碎裂成了两半。可见,冰块尺寸对冰块的破碎情况有很大的影响。

图 5 - 12 为不同冰块尺寸下冰桨碰撞过程中 $x$ 轴方向上的力和力矩随时间变化曲线。由图可知,不同冰块碰撞速度下冰桨碰撞的持续时间有所区别,随着冰块直径的增加,冰桨碰撞的持续时间不断增加。从冰载荷峰值来看,随着冰块之间的增加,冰载荷峰值迅速

增加。

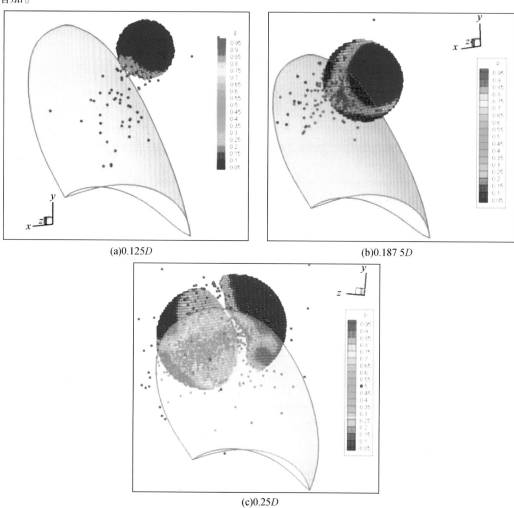

(a)0.125D

(b)0.187 5D

(c)0.25D

**图 5－11　不同冰块尺寸下的冰块破碎特点**

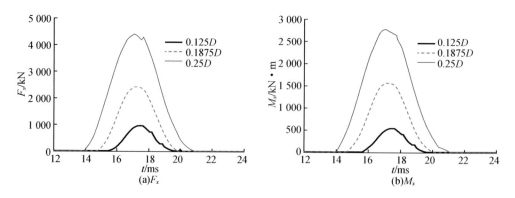

(a)$F_x$

(b)$M_x$

**图 5－12　不同冰块尺寸下的冰载荷对比**

### 5.4.4　不同冰块形状对冰桨碰撞动态特性的影响

本节以正方体和球形冰为例,计算了冰桨碰撞工况下的海冰的破碎过程及接触冰载荷变化。冰块选用的是边长为 0.125$D$ 的正方体和直径为 0.125$D$ 的球体,冰块以 20.0 m/s 的速度沿轴向运动,螺旋桨的转速为 0 r/s。

1. 正方体冰

为了研究螺旋桨与六自由度运动的冰块相互作用,首先开展了正方体冰块与螺旋桨碰撞的海冰破碎过程及接触冰载荷随时间变化的研究。

为了更直观地分析冰桨碰撞作用过程,图 5 – 13 给出了不同时刻冰桨碰撞时冰块的运动过程和冰块的破碎情况。图 5 – 13(a) 为冰块在螺旋桨前方,还未发生碰撞的 $t = 0$ ms 时刻的初始状态。如图 5 – 13(b) 所示,随着冰块向螺旋桨靠近,冰块离桨叶最近的那一端将第一次与桨叶碰撞,接触位置处的冰将出现破碎,即接触位置处的冰物质点的颜色由蓝色变为红色。如图 5 – 13(c) 所示,由于接触力的方向不通过正方体冰模型的中心,因而正方体冰模型将会有角速度,使得整个冰块开始旋转,冰块与桨叶接触的那一端由于受到接触力的作用反弹而远离桨叶,而冰块离接触点较远的上一端由于惯性作用将继续与桨叶靠近。随后,冰块上一端将与桨叶发生二次碰撞,接触位置处的冰破碎,如图 5 – 13(d) 所示。最后,冰块上一端也由于接触力的作用反弹而远离桨叶,从而整个冰块都远离桨叶,不会再发生碰撞,如图 5 – 13(e)(f) 所示。

图 5 – 14 为正方体冰模型与螺旋桨碰撞过程中各个方向上的力与力矩随时间变化曲线。从曲线图中可明显观察出整个冰桨碰撞过程有两次以及发生的时间,主要是在 7 ms 和 20 ms 附近。两次碰撞力和力矩峰值以及接触持续时间有所不同,第一次碰撞的力和力矩要稍小于第二次碰撞。而第一次碰撞的持续时间要明显比第二次长,这也解释了第一次碰撞的力和力矩要小于第二次碰撞的原因,根据动量定理可知,作用时间越短,接触力越大。由图 5 – 14(a) 可知,$x$ 轴方向上的碰撞力大小要远大于 $y$ 轴和 $z$ 轴方向上的力,且 $x$ 轴方向上的力为正向,而 $y$ 轴和 $z$ 轴上的力为负向,这主要是与冰块接触的螺旋桨面元的法向量决定的。由图 5 – 14(b) 可知,$z$ 轴方向上的力矩大小要比 $x$ 轴和 $z$ 轴方向上的大,$x$ 轴和 $z$ 轴方向上的力矩均为正向,而 $y$ 轴方向上的力矩在第一次碰撞时为正向,第二次碰撞时为负向。

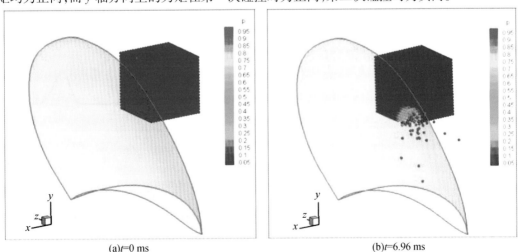

(a)$t$=0 ms　　　　　　　　　　　　　(b)$t$=6.96 ms

**图 5 – 13　螺旋桨与正方体冰块碰撞的动态变化过程**

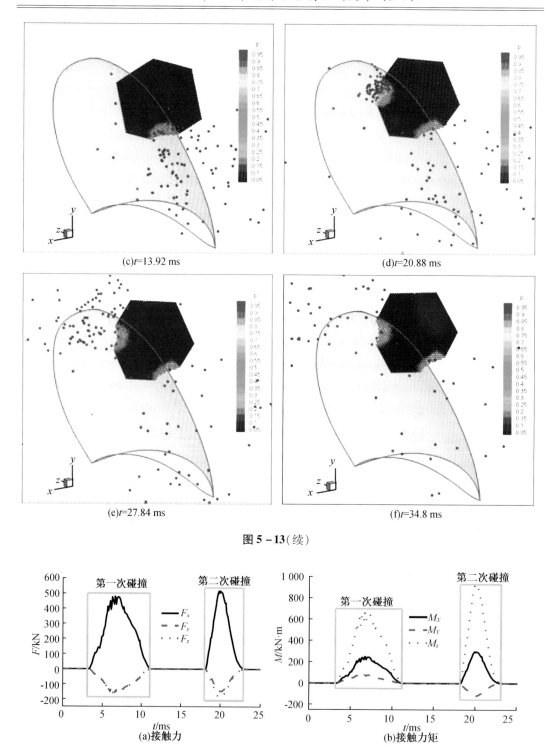

(c)$t$=13.92 ms

(d)$t$=20.88 ms

(e)$t$=27.84 ms

(f)$t$=34.8 ms

图 5 - 13(续)

(a)接触力

(b)接触力矩

图 5 - 14　螺旋桨与正方体冰块碰撞的接触载荷时历曲线

2. 球形冰

球形冰与螺旋桨相互作用的研究意义主要是由于球形冰表面比较光滑且形状特殊,其表现出来的冰桨碰撞动态特性与正方体冰模型存在差异。本节建立了球形冰与螺旋桨碰撞的数值模型,计算了相应冰载荷和冰块破碎情况。图 5 – 15 给出了与螺旋桨碰撞过程中球形冰的运动状态及破碎情况。

图 5 – 15(a)为碰撞前 $t = 0$ ms 时刻的初始状态,此时球形冰位于螺旋桨前方,还未发生碰撞。随着冰块向螺旋桨靠近,冰块离桨叶最近的面将与桨叶发生碰撞,接触位置处的冰将发生破碎,物质点的颜色由蓝色变为红色,如图 5 – 15(b)所示。在接触力的作用下,整个球形冰将反弹而逐渐远离桨叶,不会再发生碰撞,如图 5 – 15(e)(f)所示。通过球形冰碰撞过程分析发现,冰桨碰撞只发生一次,而且碰撞以后冰块不会发生转动,这说明球形冰与桨叶碰撞时接触力的方向是指向球形冰的中心点位置的,因而球形冰不会有角速度。而根据几何知识可知,球体与任何面接触时,接触力方向始终通过球形,这也证明本章模拟结果的准确性。

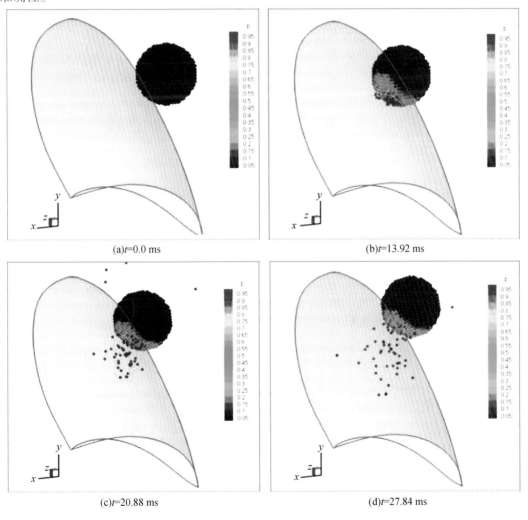

(a)$t$=0.0 ms　　　　　　　　　　(b)$t$=13.92 ms

(c)$t$=20.88 ms　　　　　　　　　　(d)$t$=27.84 ms

图 5 – 15　螺旋桨与球体冰块碰撞的动态变化过程

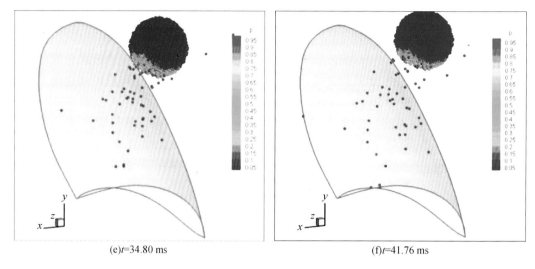

(e)$t$=34.80 ms           (f)$t$=41.76 ms

图 5 – 15（续）

图 5 – 16 为球形冰与螺旋桨碰撞过程中各个方向上的力与力矩随时间变化曲线。由图可知,整个冰桨碰撞只发生一次,最大峰值位于 12.7 ms 处。从力的变化曲线可知,$x$ 轴方向上的力要远大于于 $y$ 轴和 $z$ 轴方向上的力,且 $x$ 轴方向上的力为正向,而 $y$ 轴和 $z$ 轴上的力为负向,这主要是与冰块接触的螺旋桨面元的法向量决定的。由图 5 – 16(b) 可知,$z$ 轴方向上的力矩大小要比 $x$ 轴和 $y$ 轴方向上的大,$x$ 轴和 $z$ 轴方向上的力矩均为正向,$y$ 轴方向的力矩几乎为零,因为球形冰的中心在 $y$ 轴上。

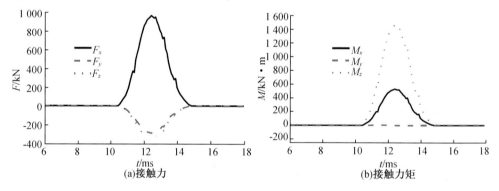

(a)接触力           (b)接触力矩

图 5 – 16    螺旋桨与正方体冰块碰撞的时历曲线

3. 不同形状冰块的冰桨碰撞特性对比

图 5 – 17 给出了正方体冰块和球形冰与螺旋桨碰撞后的冰块破碎情况。由图 5 – 17 可知,正方体冰块两处位置出现破碎,而球形冰只有一处;正方体冰碰撞过程中冰块会旋转,而球形冰则不会旋转,发生的原因已在上述解释了,不再重复,这里主要关注两者破碎程度的不同。正方体冰块破碎程度比球形冰要严重得多,这主要是由于正方体冰块边角位置处的冰强度较小,易于破碎,而球形冰整个表面都比较光滑,因而不易破碎。

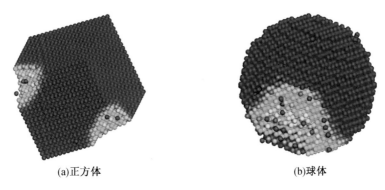

(a)正方体　　　　　　　　　　　(b)球体

**图 5 - 17　两种形状的冰块破碎特点**

由上述内容可知,虽然两个形状的冰块中心点位置是相同的,但是与螺旋桨碰撞的时间和位置均有较大不同。图 5 - 18 给出了两个形状的冰模型在初始时刻与桨叶的位置关系。从图 5 - 18 中可看出,正方体冰模型到桨叶面最短距离明显比球形冰要短。冰块与桨叶面最先碰撞的位置当然是冰块到桨叶面距离最短的位置处,图 5 - 18 中明显可以看出球形冰与桨叶碰撞的位置要比正方体偏上一点。

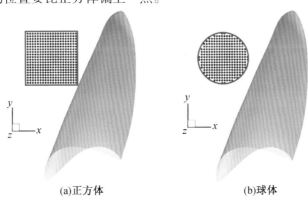

(a)正方体　　　　　　　　　　　(b)球体

**图 5 - 18　桨叶与冰块的相对位置**

图 5 - 19 给出了球形冰和正方体冰与螺旋桨碰撞过程中螺旋桨 $x$ 方向上的力和力矩随时间变化曲线。从冰桨碰撞的持续时间来看,正方体冰两次碰撞均比球形冰要长,这可能是由于正方体冰碰撞过程中冰块易于破碎,有利于其进一步碰撞,也可能由于球形冰质量较小易于反弹。球形冰各个方向上的接触力要明显高于球形冰,因为球形冰碰撞持续时间要短,且作用方向是通过质心的,而正方体冰碰撞持续时间长,作用力方向不通过质心,导致一端反弹而另一端继续以原有速度继续运动。

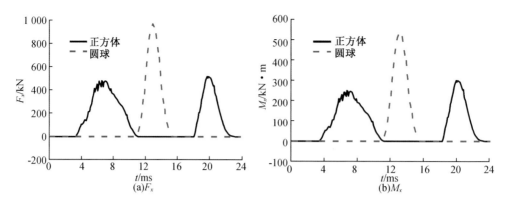

图 5 - 19　　不同冰块形状的冰载荷对比

# 5.5　螺旋桨与多冰块相互作用分析

### 5.5.1　不同冰块之间的接触计算

1. 计算方法

　　当极地船舶在碎冰区航行时,许多不同形状和大小的冰块将沿着船底靠近螺旋桨,如图 5 - 20 所示。冰 - 桨 - 流混合作用下的流场十分复杂,使得不同冰块运动速度的大小和方向有很大的随机性,难免一些冰块之间将会发生碰撞而改变原有的轨迹。不同冰块之间的碰撞是同属于一种材料的物体之间的接触作用,发生碰撞的冰块均可能发生破碎,因而无法使用上述介绍的冰冲击刚体的思路来解决这种碰撞问题。也就是说,不同冰块之间的相互作用是属于另一种类型的碰撞问题。

图 5 - 20　　冰桨碰撞示意图

　　不同冰块均应采用近场动力学方法来模拟冰块的破碎过程。不同冰块之间的接触计算问题,参考美国 Sandia 实验室的近场动力学计算平台(EMU 平台)的接触力密度计算模型,用于解决冰块之间的碰撞问题。因而,不同冰块之间的接触计算本质上是属于物质点之间的相互作用。具体的求解思路如下,将不同冰块模型离散成物质点的形式,不同冰块模型物质点可赋予不同或者相同的物理和力学特性参数。近场动力学方法计算各种冰块所受到的近场力和外载荷,从而计算出在近场力和外载荷作用下的冰物质点在下一时刻的加速度、速度及位移。在每一时刻,进行不同冰模型物质点的位置搜索,当分属不同冰块物质点的相对位置满足一定的判定标准时,不同冰块物质点之间会产生附加的作用。

　　参考 EMU 手册,两个冰块模型物质点不断靠近,当达到判定距离 $r_{sh}$ 时分属不同冰块物质点之间将会有排斥作用,可用这个排斥力来定义冰块之间的接触力。分属不同冰块的物质点之间的接触力是一种短程力,只有当两个物质点之间的距离小于 $r_{sh}$ 才能产生,因而该短程力产生后会随着两个物质点之间的距离增加而消失。该短程力可用下式进行计算[7]:

$$f_{\text{sh}}(y_{(j)},y_{(k)}) = \frac{y_{(j)} - y_{(k)}}{|y_{(j)} - y_{(k)}|}\min\left\{0,c_{\text{sh}}\left(\frac{|y_{(j)} - y_{(k)}|}{2r_{\text{sh}}} - 1\right)\right\} \qquad (5-1)$$

式中,$c_{\text{sh}}$ 为短程力常数,$r_{\text{sh}}$ 为判定距离。由 EMU 手册可知,这两个参数可通过下式来取值:

$$\begin{cases} c_{\text{sh}} = 5c \\ r_{\text{sh}} = \dfrac{\Delta}{2} \end{cases} \qquad (5-2)$$

最后,计算物质点在短程力作用下的加速度、速度及位移,如此可防止不同冰块物质点之间的非物理穿透。

为了计算某个冰块受到的接触冰载荷大小,可由式(5-2)计算该冰块所有受到短程力作用物质点的接触力密度,并将这些物质点的接触力密度 $f_{\text{sh}}$ 乘以其体积 $V$ 得到这些物质点的接触力,那么该冰块受到的接触冰载荷大小可由这些物质点的接触力叠加得到:

$$F(t + \Delta t) = \sum_{i=1}^{ni(t+\Delta t)} f_{\text{sh}}(i)V(i) \qquad (5-3)$$

式中,$F(t + \Delta t)$ 为冰块在 $t + \Delta t$ 时间步受到的接触冰载荷;$ni(t + \Delta t)$ 为冰块在 $t + \Delta t$ 时间步搜索到在 $r_{\text{sh}}$ 范围内所有冰物质点的个数;$f_{\text{sh}}(i)$ 为第 $i$ 个物质点的接触力密度,$V(i)$ 为第 $i$ 个物质点的体积。

2. 算例分析

用 FORTRAN 语言对上述方法编译了冰块之间碰撞计算程序。为验证该程序的可行性,对不同形状的冰块在不同位置的碰撞过程进行数值模拟。本算例中选择了边长 $L = 0.01$ m 的正方体和直径 $D = 0.01$ m 的球体两种形状的冰,用 FORTRAN 程序生成冰块物质点。所有海冰物质点的物理和力学性质设置相同,将海冰简化为弹脆性材料,海冰的物理力学参数定义如下:弹性模量 $E = 1.8$ GPa,密度 $\rho = 900$ kg/m$^3$,泊松比为 $\mu = 0.25$。设置物质点间距为 0.000 5 m。

（1）不同形状冰块之间碰撞

为分析冰块形状对冰块之间碰撞特性的影响,不考虑流体的影响,以两块冰的相互碰撞为例进行分析。这两块冰的中心点位置均在同一轴线上,建立了两块冰形状为正方体、一个冰块为球体而另一个冰块为正方体和两个冰均为球体三种形式的冰块碰撞计算模型,如图 5.21 所示。为了方便讨论,将三种形式分别称为正方体冰模型、混合冰模型以及球体冰模型。

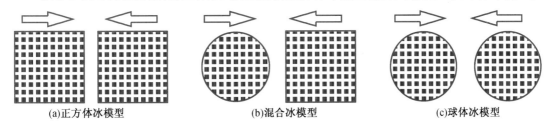

(a)正方体冰模型　　　　　　　(b)混合冰模型　　　　　　　(c)球体冰模型

**图 5-21　三种形式的冰块碰撞模型**

应用上述冰块接触计算程序,模拟了三种形式冰块碰撞过程,并计算了相应的接触力随时间的变化过程。由于 $y$ 轴和 $z$ 轴上的力 $F_y$ 和 $F_z$ 为零,只需分析 $x$ 轴方向上的力 $F_x$ 即可。图 5-22 为三种形式冰桨碰撞模型碰撞力的时历曲线。由图 5-22 可知,三种冰块碰撞模型接触力曲线存在很大差异,球体冰和混合冰模型接触力峰值比较小,但是接触力的持续时间最长,也就是说两块冰接触时间最长。相反,正方体冰模型接触力的峰值较大,但是接触力的持续时间最短,也就是说两块冰接触时间最短。值得注意的是,球体冰模型和混合冰模型接触力在峰值附近波动了一段时间才开始下降,而正方体冰模型接触力到达峰值后就迅速下降,可以推测这种特点主要和冰块的形状特点有关。

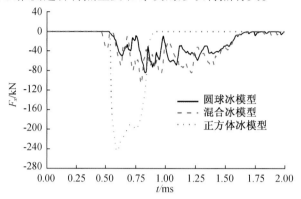

图 5 - 22　三种模型冰块碰撞力的时历曲线

　　为了能够更好地解释图 5 - 22 的曲线变化特点,给出了相同时刻三种形式冰块碰撞后的冰块图,如图 5 - 23 所示。图 5 - 23 中颜色代表了冰物质点的破坏水平,蓝色代表冰物质点完好无损,红色代表冰物质点最严重的破坏水平。从冰块的破碎水平来看,球体冰模型中两个冰块的碰撞位置处均出现了破碎,正方体冰模型中两个冰块的碰撞位置处没有出现严重的破碎,可能是正方体冰模型中两个冰块的接触面积比较大,使得接触压力较小,因而不容易出现破碎。令人奇怪的是,正方体冰块和球体冰块发生碰撞时,反而正方体冰块的接触位置处出现了破碎,而球体冰块的接触位置处较为完整。这里可用冰块的破碎水平来解释图 5 - 23 中冰块接触力的持续时间,由于球体冰模型中两个冰块接触位置处比较容易破碎因而有利于两个冰块的进一步接触,而正方体冰模型中两个冰块接触位置处不易破碎因而接触后迅速弹开。从两个冰块的回弹距离来看,正方体冰模型中两个冰块回弹距离远,球体冰模型和混合冰模型中两个冰块回弹距离最短。

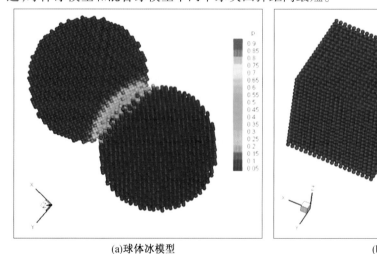
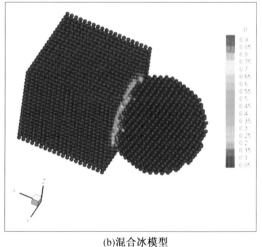

(a)球体冰模型　　　　　　　　　　　　　　(b)混合冰模型

图 5 - 23　三种模型冰碰撞下的冰破碎情况

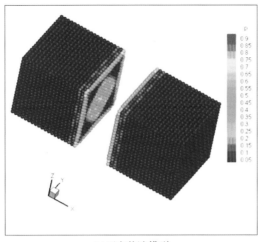

(c)正方体冰模型

**图 5 - 23**(续)

（2）冰块碰撞过程中的旋转运动

冰桨碰撞过程中,当接触力的方向不在冰块重心位置处时,冰块将存在线速度和角速度,而角速度将使得冰块转动。为了验证冰块接触计算程序在模拟冰块六自由度运动的可行性,以两个正方体冰块相互碰撞为例,分析了两个冰块在 $z$ 轴方向上错开 $0.6L$ 情况的碰撞,如图 5 - 24 所示。

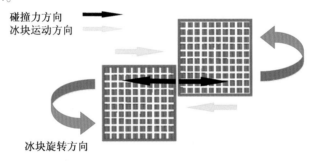

碰撞力方向
冰块运动方向

冰块旋转方向

**图 5 - 24　错开距离的冰块碰撞模型**

应用上述冰块接触计算程序,模拟了冰块碰撞过程。图 5 - 25 给出两个正方体冰块碰撞过程中运动和破碎情况。由图 5 - 25(a)可见,在 $t = 1.38$ ms 时刻,两个冰块已经接触,接触位置处出现了破碎。随后,由于两个冰块受到的碰撞力不经过其质心,因此开始转动。转动过程中,两个冰块将再一次发生碰撞,如图 5 - 25(j)所示。最后,两个冰块相互远离,不再发生碰撞,如图 5 - 25(k)和图 5 - 25(l)所示。由于第二次碰撞的速度相对于第一次有很大减小,因而冰块接触位置处不会发生严重破碎。

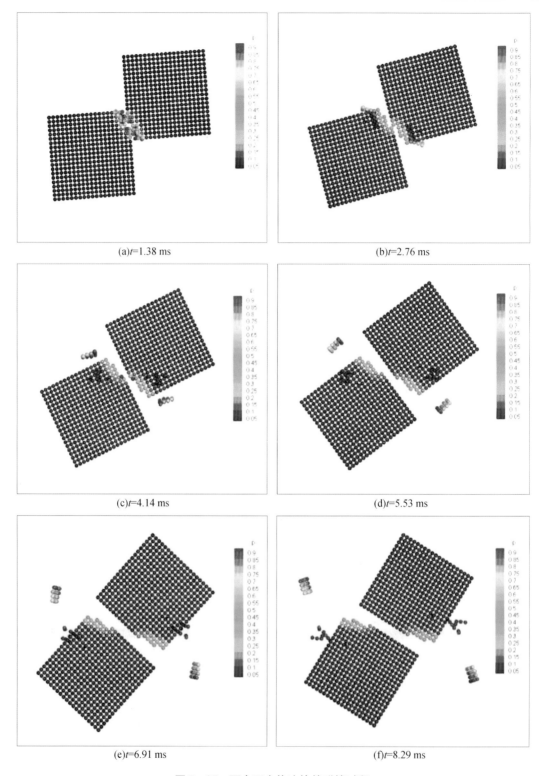

(a)$t$=1.38 ms

(b)$t$=2.76 ms

(c)$t$=4.14 ms

(d)$t$=5.53 ms

(e)$t$=6.91 ms

(f)$t$=8.29 ms

图 5-25　两个正方体冰块的碰撞过程

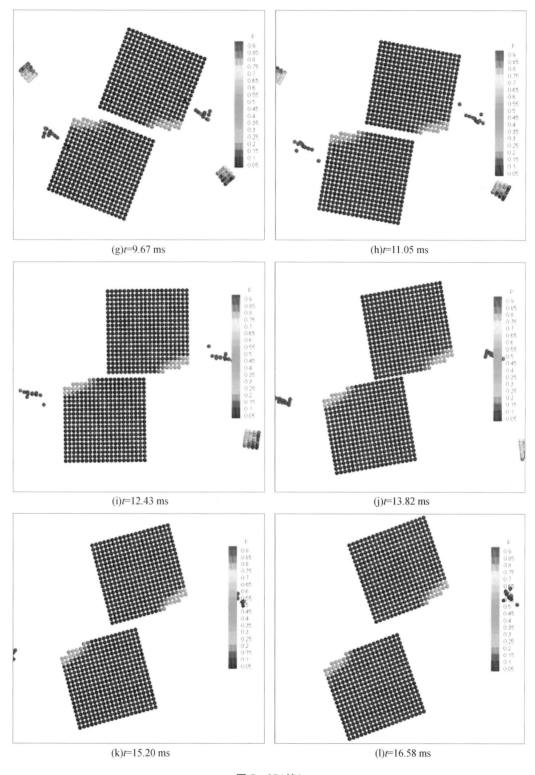

(g)$t$=9.67 ms

(h)$t$=11.05 ms

(i)$t$=12.43 ms

(j)$t$=13.82 ms

(k)$t$=15.20 ms

(l)$t$=16.58 ms

图 5-25(续)

### 5.5.2　冰与多块冰的计算模型建立

以往对于冰桨接触的研究都是关于螺旋桨与单个冰块相互作用的研究。但是,对于螺旋桨与多个冰块的相互作用目前还未见到相关的文献,可能是由于这种问题比较复杂,涉及螺旋桨与冰块相互作用以及冰块与冰块之间的相互作用,是一种多介质、多尺度耦合的问题,因而有相当大的研究难度。而冰区桨实际运转过程中,往往是螺旋桨周围存在许多大小不等的海冰。多个冰块与螺旋桨接触的动态特性及接触机理究竟是怎样的还未知。为此,本小节将开展多个冰块与螺旋桨相互作用的研究,并验证计算模型的有效性,总结相应影响规律。

如前所述,螺旋桨与多个冰块的作用过程,存在着冰与桨和冰与冰之间的相互作用。基于近场动力学方法开展这个问题的研究,既涉及冰块物质点与刚体接触问题,也涉及不同冰块的物质点接触问题。本小节结合第三章冰桨接触计算方法和第5.5.1 节冰块之间的接触计算方法,建立了螺旋桨与多个冰块之间碰撞的数值计算模型,将螺旋桨当作刚体处理,而冰块均离散成物质点的形式,且所有冰块均处于六自由度无约束状态,如图 5 - 26 所示。本节计算模型适用于任何工况和任何几何形

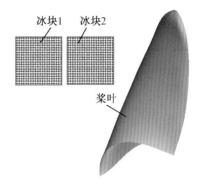

图 5 - 26　桨叶与两块冰碰撞的数值模型

状的冰块的冰桨碰撞计算。为了研究方便和便于表述,从简单入手,研究了两个冰块与螺旋桨的相互作用,而且将两个冰块均简化为正方体形式。本算例中,两个冰块是一前一后并排放置于螺旋桨的前方,并以相同的速度向螺旋桨靠近,设置螺旋桨转速为零。

### 5.5.3　冰块的破碎过程

本小节应用所建立的多块冰与螺旋桨碰撞的计算模型,计算了冰桨和冰冰碰撞过程中的冰块运动过程和破碎情况,如图 5 - 27 所示。

如图 5 - 27(a)所示,随着冰块向螺旋桨靠近,前一个冰块离桨叶最近的那一端将与桨叶碰撞,接触位置处的冰将出现破碎,图中接触位置处的冰物质点的颜色由蓝色变为红色。由于受接触力的作用,与桨叶碰撞的那一端将要反弹,另一端则继续前行,引起冰块的旋转运动,因而两个冰块不再并排而是错开了,此时后一个冰块以原有的速度继续前行。如图 5 - 27(b)所示,后一个冰块前行的过程中开始与前一个冰块的尾部接触,两个冰块接触位置处的冰出现破碎。由于两个冰块是错开的,前一个冰块的端角与后一个冰块的面接触,因此前一个冰块的端角强度较小出现了比较严重的破碎,后一个冰块的接触作用阻止了前一个冰块从桨叶上反弹,前一个冰块将继续与桨叶发生碰撞。如图 5 - 27(c)和图 5 - 27(d)所示,受到前一个冰块接触力的作用,后一个冰块将旋转并远离前一个冰块。如图 5 - 27(e)和图 5 - 27(f)所示,前一个冰块由于桨叶接触力的作用又开始反弹远离桨叶。对比前面章节模拟结果,单个冰块和两个冰块与螺旋桨碰撞的冰块运动及破碎过程有着很大的区别。

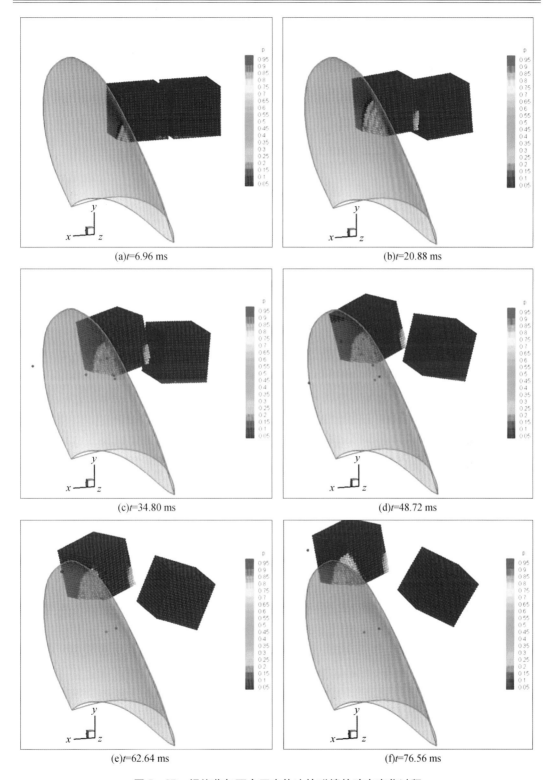

(a)$t$=6.96 ms

(b)$t$=20.88 ms

(c)$t$=34.80 ms

(d)$t$=48.72 ms

(e)$t$=62.64 ms

(f)$t$=76.56 ms

图 5 - 27    螺旋桨与两个正方体冰块碰撞的动态变化过程

### 5.5.4　冰桨碰撞冰载荷特性

图 5 – 28 给出了单个冰和两个冰块与螺旋桨碰撞过程螺旋桨在 $x$ 轴方向上的力和力矩变化曲线。

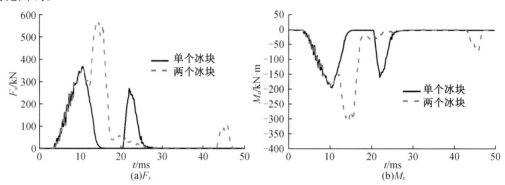

图 5 – 28　螺旋桨与两个正方体冰块碰撞的冰载荷曲线

由图 5 – 28 可知,刚开始的一段时间内(4 ~ 12 ms),单个冰和两个冰块与螺旋桨碰撞过程的冰载荷变化曲线是完全重合的,这是由于两个冰块是一前一后的,并有一段距离,该段时间后一个冰块还未影响到前一个冰块,冰载荷曲线表现为先上升到达一定峰值以后又开始下降。13 ms 后,两种情况的冰载荷曲线开始出现差异,单个冰的冰载荷持续下降,这是由于冰块受到桨叶接触力的作用而反弹,而两个冰块的冰载荷则又开始上升,这是由于后一个冰块阻止前一个冰块的反弹。而且上升后的峰值将比前一个峰值要大得多。在20 ~ 26 ms,单个冰块的冰载荷又出现了一次波动,这是由于冰块另一端与桨叶碰撞。对于两个冰块,在 43 ms 发生了二次碰撞。

## 5.6　特殊工况下的冰桨碰撞动态特性研究

由第 3 章冰桨接触模型分析可知,当船舶在倒车、回转运动等操纵性情况发生时,冰桨接触工况有可能处于第二和第四象限。由于这两种情况主要是桨叶的叶背或叶面与冰块发生接触。因而,可认为是特殊情况下的冰桨碰撞工况。由于是以碰撞为主,在这种特殊工况下桨叶承受的冰载荷相比于冰桨铣削工况,是比较危险的工况,容易造成桨叶的变形和损坏。在过去的几十年里,有关这种特殊工况的研究还未见到。这种工况下的冰桨接触动态特性及接触机理究竟是怎样的还未知。本节将针对这两种情况开展冰桨碰撞动态特性的分析研究。算例中冰块以 1.8 m/s 的速度沿轴向运动,螺旋桨的转速为 3 r/s。冰块离散后的物质点之间的间隔 $\Delta x = L/20$,螺旋桨表面弦向和展向面元网格划分数目均为 24。

### 5.6.1　第二象限冰桨碰撞动态特性

1. 计算模型建立

第二象限冰桨碰撞发生的工程背景为当破冰船发出倒转指令后,此时船舶还在前行,而螺旋桨正在反向转动。大块的海冰被卡在船体与桨叶之间将与桨叶叶背不断发生接触。

参考第四章的冰桨铣削计算模型,对第二象限的冰桨碰撞实际工况进行了简化:设定螺旋桨中心点处的位置不动并以一定的转速绕桨轴旋转;将冰块简化为立方体,初始时刻以一定的速度靠近螺旋桨,对冰块前段的几层物质点进行约束处理,使其在整个计算过程中以相同速度运动。参考第二象限冰桨碰撞工况特点,建立第二象限冰桨碰撞计算模型,如图5 – 29所示。

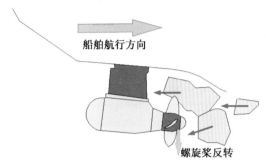

图 5 – 29　第二象限冰桨碰撞示意图

**2. 冰块的破碎过程**

图 5 – 30 给出了第二象限冰桨碰撞工况下螺旋桨旋转过程中海冰的破坏情况。图 5 – 30 中的颜色代表键的破坏水平,蓝色代表冰物质点处于无损状态,而红色代表冰物质点完全破碎状态。

图 5 – 30(a)表示在无量纲时间 $t = 0$ 时刻的初始状态,该时刻第一个桨叶的叶背将要与冰块接触。随后,第一个桨叶叶背与冰块接触过程如图 5 – 30(b)(c)所示,从冰物质点颜色的深浅可以看出,冰物质点受到螺旋桨接触后物质点的损坏明显增加。然后,第二个桨叶开始与冰块接触,冰块的破碎形式与第一个桨叶基本相同,如图 5 – 30(d)、5 – 30(e)(f)所示。冰块与螺旋桨接触以后会形成凹槽,由于冰块有一个向前运动的速度,桨叶每次接触,凹槽的深度都会增加。总体来看,该工况冰桨接触过程冰块的破碎方式与第 4 章的冰桨铣削工况有很大的不同,冰块破碎主要是以桨叶叶背对冰块的挤压破碎为主,类似于一个平板以斜向速度拍向冰块的过程,因而冰块呈现出粉末性破碎,未见有完整的碎冰出现。由于海冰挤压破坏引起的冰力最大,海冰弯曲破坏引起的冰力最小,两者差值将达到几十倍,因此这种工况下桨叶将承受非常大的冰载荷作用,容易引起桨叶向后弯曲。所以,在这种工况下,螺旋桨的转动速度不宜过高,冰区船操作过程中需要特别注意这一点。

为了更容易理解第二象限冰桨接触过程,参考 Veith 桨叶翼型剖面铣削冰块的过程,这里绘制了第二象限冰桨接触桨叶翼型剖面挤压引起冰块破碎的过程,如图 5 – 31 所示。

**3. 冰桨碰撞冰载荷特性**

图 5 – 32 给出了第二象限冰桨碰撞过程螺旋桨在各个方向的力和力矩时域曲线。由图可知,与冰桨铣削工况相比,第二象限冰桨碰撞冰载荷曲线均比较光顺,局部位置不会出现比较大的波动,这是由于第二象限冰桨碰撞海冰主要以挤压破坏为主,而冰桨铣削工况是挤压破坏和切削破坏交替出现的。同时,由于第二象限冰桨碰撞主要以挤压破坏为主,桨叶叶背会大面积地与冰块接触,因而该工况下的冰载荷会比冰桨铣削工况大。

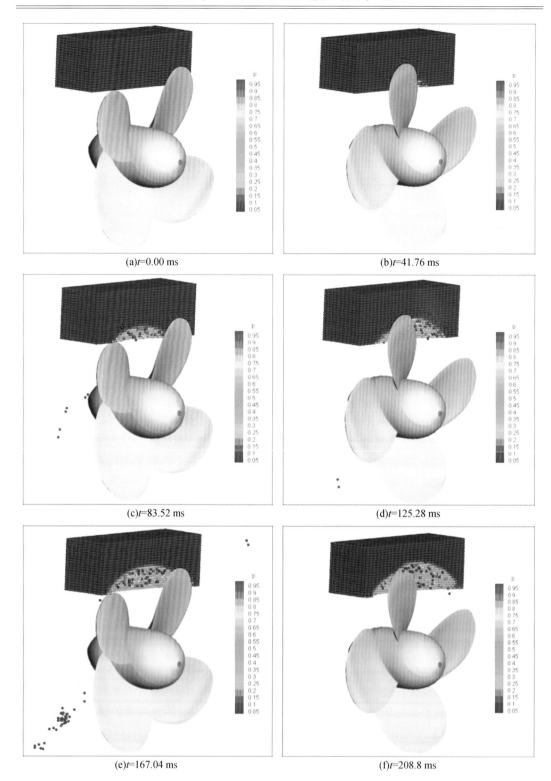

(a)$t$=0.00 ms

(b)$t$=41.76 ms

(c)$t$=83.52 ms

(d)$t$=125.28 ms

(e)$t$=167.04 ms

(f)$t$=208.8 ms

图 5-30　第二象限冰桨碰撞海冰破碎过程

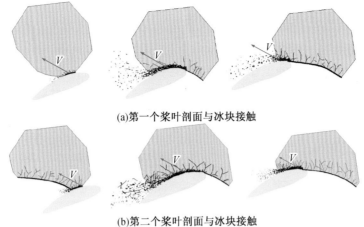

(a)第一个桨叶剖面与冰块接触

(b)第二个桨叶剖面与冰块接触

图 5 - 31　第二象限桨叶剖面与冰块接触过程

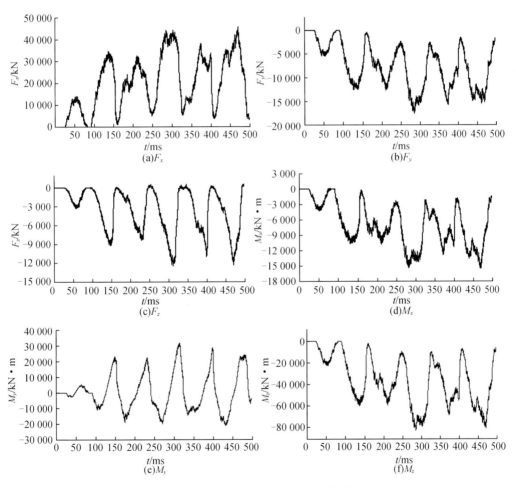

图 5 - 32　第二象限冰桨碰撞冰载荷曲线

### 5.6.2 第四象限冰桨碰撞动态特性

1. 计算模型建立

第四象限冰桨碰撞发生的工程背景为破冰船倒车后需要前行,此时发出前行指令后船舶还在后退,而螺旋桨处于正转状态。大块的海冰被卡在船体与桨叶之间将与桨叶叶面不断发生接触。参考第四象限冰桨碰撞工况特点,建立了第四象限的冰桨碰撞计算模型,如图 5 – 33 所示。

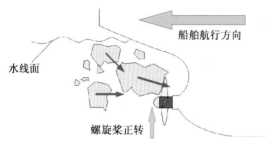

船舶航行方向

水线面

螺旋桨正转

**图 5 – 33　第四象限冰桨碰撞示意图**

2. 冰块的破碎过程

图 5 – 34 给出了第四象限冰桨碰撞工况下螺旋桨旋转过程中海冰的破坏情况。图 5 – 26(a) 表示在无量纲时间 $t = 0$ 时刻的初始状态,该时刻第一个桨叶的叶面将要与冰块接触。如图 5 – 34(b)(c) 所示,第一个桨叶叶面与冰块接触过程从冰物质点颜色的深浅可以看出,冰物质点受到螺旋桨接触后物质点的损坏明显增加,此时只是使得冰块一小部分发生破碎,形成小凹槽。如图 5 – 34(d)(e)(f) 所示,然后第二个桨叶开始与冰块接触,由于冰块有一个向前运动的速度,第二个桨叶将使得冰块有更大的凹槽形成。总体来看,冰块的破碎过程既有桨叶叶面的挤压破坏,又有桨叶叶梢的切削破坏,因而有碎冰块形成,类似于一个平板插入到冰块中,然后刮出碎冰出来。这种特点不同于第二象限的冰桨碰撞过程,这主要是由于该螺旋桨有个后倾角,叶梢将会与冰块接触。

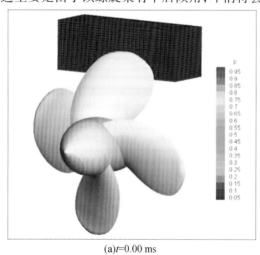
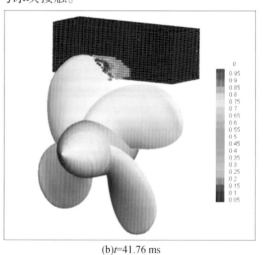

(a)$t = 0.00$ ms　　　　　　　　　　　　　(b)$t = 41.76$ ms

**图 5 – 34　第四象限冰桨碰撞示意图**

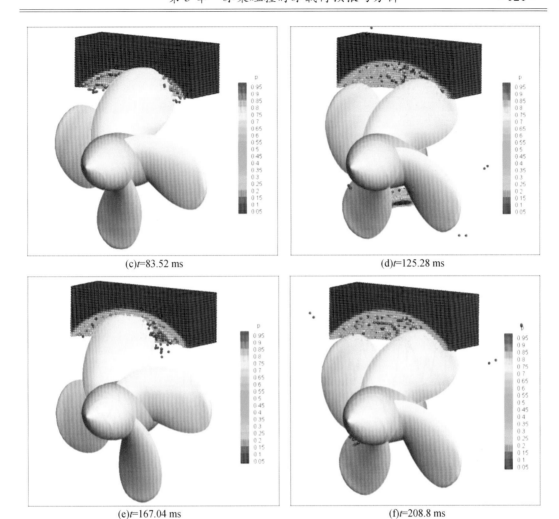

(c)$t$=83.52 ms　　　　　　　　　　　(d)$t$=125.28 ms

(e)$t$=167.04 ms　　　　　　　　　　　(f)$t$=208.8 ms

图 5 - 34（续）

　　为了更容易理解第四象限冰桨接触过程，参考 Veith 桨叶翼型剖面铣削冰块的过程，这里绘制了第四象限冰桨接触桨叶翼型剖面挤压引起冰块破碎的过程，如图 5 - 35 所示。

　　3. 冰桨碰撞冰载荷特性

　　图 5 - 36 给出了第四象限冰桨碰撞过程螺旋桨在各个方向的力和力矩时域曲线。由图 5 - 36 可知，第四象限冰桨碰撞局部位置处冰载荷存在波动现象，这是由于该工况下冰块不仅有挤压破坏，而且有时桨叶叶梢也会切削冰块，引起切削破坏。从整体来看，第四象限冰桨碰撞冰载荷要小于第二象限。

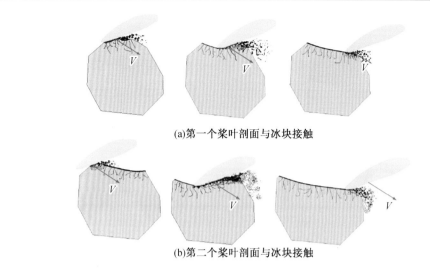

(a)第一个桨叶剖面与冰块接触

(b)第二个桨叶剖面与冰块接触

图 5 - 35  第四象限桨叶剖面与冰块接触过程

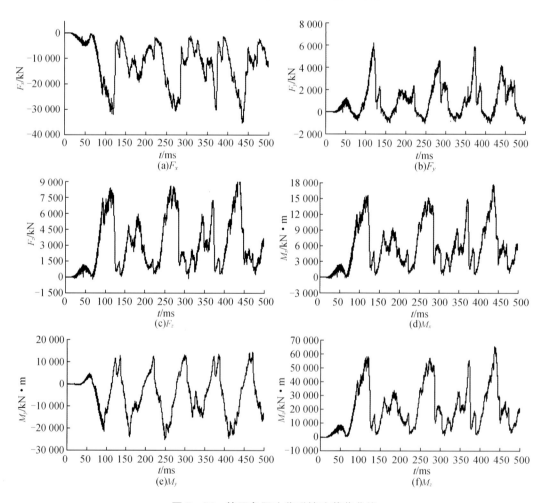

图 5 - 36  第四象限冰桨碰撞冰载荷曲线

# 5.7　小　　结

　　本章对冰桨碰撞动态特性进行了研究,结合相关学者的研究对冰桨碰撞特点进行了分析,讨论了冰桨碰撞主要存在三种情况:(1)船舶航行于碎冰航道,不断有碎冰块靠近船体;(2)冰桨铣削过程中产生的碎冰块,将从一个桨叶移动到另一个桨叶的叶背上,并发生碰撞;(3)在第二象限和第四象限两个特殊工况下也会发生冰桨碰撞。冰桨碰撞工况下往往有多个冰块靠近螺旋桨,而这些冰块之间也会发现相互接触,鉴于此本章建立了冰块之间相互作用的接触计算算法,并由算例分析,探讨了计算方法的可行性。针对冰桨碰撞的特点,结合第三章的冰桨接触计算方法和本章的冰块之间接触计算方法,建立了冰桨碰撞数值计算模型。然后,将冰块简化为球体冰和正方体冰,研究不同的螺旋桨转向、冰块速度、冰块尺寸及冰块形状对冰桨碰撞特性的影响,分析本章建立的冰桨碰撞计算模型在计算螺旋桨与多个冰块作用方面的可行性。

## 参考文献

[1]　WIND J. The dimensioning of high power propeller systems for arctic ice breakers and icebreaking vessels[J]. International shipbuilding progress,1984,31(357):131 –148.

[2]　LASKOW V,REVILL C. Study of strength requirements for nozzles for ice transiting ships:summary report [R]. Maritime Technical Information Facility:Canada. Transportation Development Centre ,1994.

[3]　KANNARI P. Ice loads on propellers in Baltic conditions (in Finnish) [D]. Helsinki :University of Technology,1994.

[4]　HAGESTEIJN G,BROUWER J,BOSMAN R. Development of a six-component blade load measurement test setup for propeller-ice impact[C]//American Society of Mechanical Engineers,The 31st International Conference on Ocean,Offshore and Arctic Engineering,July 1 –7,2012,Rio de Janeiro,Brazil:ASME,c2012:607 –616.

[5]　BROUWER J,HAGESTEIJN G,BOSMAN R. Propeller-ice impacts measurements with a six-component blade load sensor [C]// Third International Symposium on Marine Propulsors smp'13,May 2013 ,Australia :Launceston,Tasmania ,c2013:47 –54.

[6]　SEARLE S,VEITCH B,BOSE N,et al. Ice-class propeller performance in extreme conditions. Discussion. Authors' closure[J]. Transactions-Society of Naval Architects and Marine Engineers,1999(107):127 –152.

[7]　OTERKUS E. Peridynamic theory for modeling three-dimensional damage growth in metallic and composite structures[M].Tucson:The University of Arizona,2010.

# 第6章 冰桨接触时螺旋桨桨叶结构响应数学模型

## 6.1 概　述

由于接触冰载荷和螺旋桨结构有动态耦合作用,能引起螺旋桨结构的几何非线性变化,由于开展非线性问题研究难度很大,迫切需要建立冰桨接触工况下螺旋桨结构动力响应计算模型。以往冰桨接触问题的研究主要集中于接触冰载荷的预报,而对于冰桨接触螺旋桨结构动力学问题的研究还比较少。冰桨接触过程涉及几何和材料的非线性、海冰的脆性破坏、不同介质交界面等特征,依赖传统有网格方法模拟海冰的破碎问题受到较大的限制。随着计算机技术和数值预报计算的发展,冰桨接触螺旋桨结构动力学问题的研究才有了一些发展。

本章针对海冰和螺旋桨相互作用的实际特点,考虑螺旋桨结构为弹性体,基于近场动力学方法和有限元法耦合提出了海冰和螺旋桨弹性结构的耦合动力学计算方法,采用近场动力学方法模拟海冰破碎过程,有限元法求解螺旋桨在冰载荷作用下的动力响应。以冰桨铣削工况和碰撞工况为例,研究了冰接触作用下的桨叶冰载压力分布特点及结构响应特性,为近场动力学方法在冰桨接触中的应用推广提供了依据和借鉴。

## 6.2 螺旋桨有限元网格自动剖分方法

基于有限元法求解结构强度时,通常是将复杂的连续求解域划分成有限个且按一定方式连接的组合体。然而,求解域的网格划分在有限元法计算中是非常重要的,往往需要划分很长时间,因而其在有限元发展历程中一直是关注的重点。为了避免螺旋桨有限元单元的人工划分,本书提出了螺旋桨有限单元自动划分技术,将这个技术用 FORTRAN 语言编译成程序,只需准备好螺旋桨型值表,就可以在计算机上自动进行螺旋桨结构实体单元的自动划分。

考虑到螺旋桨结构的特殊性,本书对螺旋桨的实体结构进行剖分时分成了展向、弦向及厚度方向的网格划分,如图6-1所示。桨叶沿径向和弦向的剖分采用与3.2节螺旋桨表面网格划分相同的方法。因而,螺旋桨有限元实体结构外层的节点坐标与面元法面元点坐标是重合的。桨叶厚度方向采用的是平均分割和余弦分割。桨叶厚度方向的网格节点可由螺旋桨表面网格点插值得到。

根据以往的使用经验,在计算结构的力学性能时六面体单元往往要比四面体单元好得多。而且在采用更少的节点与单元数的条件下,六面体单元能够达到与四面体单元相同的精度[1]。因此,六面体单元是非常有研究价值且很重要的结构单元。另外,采用六面体单元离散的几何结构体,其形态具有比较易于辨认的优点[2]。因此,在有限元分析计算中,研究者们比较喜欢用六面体单元来划分三维实体。本节也采用六面体单元来划分螺旋桨,沿着螺旋桨展向、弦向和厚度方向对其进行网格划分。其划分结果除螺旋桨导边和随边外,其他地方将被剖分成八节点六面体单元,而导边和随边处则被划分成五面体单元。这里将这些五面体单元在导边或者随边处的线认为是由空间四边形退化成直线的情况。在有限元计算中,依然可以将这些五面体单元当作六面体单元来处理,如图 6 - 2 所示。

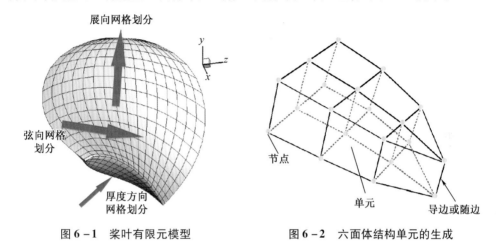

图 6 - 1    桨叶有限元模型          图 6 - 2    六面体结构单元的生成

# 6.3    螺旋桨有限元结构动力学方程

以往建立的很多冰桨接触计算模型认为螺旋桨变形很小,可将其假设为刚性物体。在冰桨接触过程中,接触冰载荷的大小和方向时刻都在变化,加上冰载荷比较大,必然引起螺旋桨的几何结构体非线性变化,必须进行动力学计算。

本节针对螺旋桨几何结构特点,以六面体单元来对螺旋桨实体结构进行剖分。按照上述建立的螺旋桨有限元网格自动剖分方法,将螺旋桨桨叶离散为一系列有限单元。

在外载荷和自身体积力作用下,桨叶结构的总体有限元的结构动力学方程可表示为[3]

$$M\ddot{u} + C\dot{u} + Ku = F_{ce} + F_{co} + F_{r} \tag{6-1}$$

式中,$M$、$C$ 和 $K$ 分别为总体的质量矩阵、总体的阻尼矩阵、总体的刚度矩阵。$\ddot{u}, \dot{u}, u$ 分别为节点的加速度、速度和位移。$F_{ce}$ 和 $F_{co}$ 分别是螺旋桨受到的离心力、科氏力;$F_{r}$ 是螺旋桨受到的外载荷,例如水动力载荷和冰载荷等。

由于有限元法是将实体剖分成有限元结构单元的,因此其总体刚度矩阵 $K$ 是通过所有单元的刚度矩阵 $K^{e}$ 进行集成和叠加而成的。同理,总体质量矩阵 $M$、总体阻尼矩阵 $C$ 是通过所有单元的质量矩阵 $M^{e}$ 与阻尼矩阵 $C^{e}$ 集成和叠加而成的。总体节点力列阵 $F = F_{ce} + F_{co} + F_{r}$ 是将所有单元的等效节点力进行集成和叠加的。

空间单元的刚度矩阵 $K^{e}$ 可表示为

$$K^{e} = \iiint\limits_{V} B^{eT} D B^{e} \mathrm{d}x\mathrm{d}y\mathrm{d}z \tag{6-2}$$

$\boldsymbol{B}^e$ 为单元应变矩阵,写出分块矩阵的形式为

$$\boldsymbol{B}^e = \left[ \boldsymbol{B}_1 \boldsymbol{B}_2 \boldsymbol{B}_3 \boldsymbol{B}_4 \boldsymbol{B}_5 \boldsymbol{B}_6 \boldsymbol{B}_7 \boldsymbol{B}_8 \right] \qquad (6-3)$$

式中,

$$\boldsymbol{B}_i = \begin{bmatrix} \dfrac{\partial N_i}{\partial x} & 0 & 0 & \dfrac{\partial N_i}{\partial y} & 0 & \dfrac{\partial N_i}{\partial z} \\[3mm] 0 & \dfrac{\partial N_i}{\partial y} & 0 & \dfrac{\partial N_i}{\partial x} & \dfrac{\partial N_i}{\partial z} & 0 \\[3mm] 0 & 0 & \dfrac{\partial N_i}{\partial z} & 0 & \dfrac{\partial N_i}{\partial y} & \dfrac{\partial N_i}{\partial x} \end{bmatrix} \qquad (6-4)$$

$\dfrac{\partial N_i}{\partial x}, \dfrac{\partial N_i}{\partial y}, \dfrac{\partial N_i}{\partial z}$ 分别为

$$\begin{cases} \dfrac{\partial N_i}{\partial x} = \dfrac{\xi_i}{8a}(1 + \eta_i \eta)(1 + \zeta_i \zeta) & (i = 1, 2, \cdots, 8) \\[3mm] \dfrac{\partial N_i}{\partial y} = \dfrac{\eta_i}{8a}(1 + \zeta_i \zeta)(1 + \xi_i \xi) & (i = 1, 2, \cdots, 8) \\[3mm] \dfrac{\partial N_i}{\partial z} = \dfrac{\zeta_i}{8a}(1 + \xi_i \xi)(1 + \eta_i \eta) & (i = 1, 2, \cdots, 8) \end{cases} \qquad (6-5)$$

$\boldsymbol{D}^e$ 为弹性矩阵,是由弹性模量 $E$ 和泊松比 $\mu$ 决定的常数矩阵。

$$\boldsymbol{D} = \frac{E}{(1+\mu)(1-2\mu)} \begin{bmatrix} 1-\mu & \mu & \mu & 0 & 0 & 0 \\ \mu & 1-\mu & \mu & 0 & 0 & 0 \\ \mu & \mu & 1-\mu & 0 & 0 & 0 \\ 0 & 0 & 0 & \dfrac{1-2\mu}{2} & 0 & 0 \\ 0 & 0 & 0 & 0 & \dfrac{1-2\mu}{2} & 0 \\ 0 & 0 & 0 & 0 & 0 & \dfrac{1-2\mu}{2} \end{bmatrix} \qquad (6-6)$$

然而,式(6-6)只适用于计算有限元结构单元比较规则的情况,假如有限元结构单元是采用八节点六面体,则只能计算正六面体结构单元。通常,螺旋桨的几何结构都是极度不规则的,采用上述方法对螺旋桨实体结构进行剖分,所获得的六面体也是不规则的。为了能够实现对不规则六面体单元的计算,可通过引入等参元来进行坐标转换,将不规则六面体单元转换成规则六面体单元。通过等参元进行坐标转换后,在局部坐标系 $(\xi, \eta, \zeta)$ 下得到的单元刚度矩阵的通式可表示为

$$\boldsymbol{K}^e = \iiint\limits_V \boldsymbol{B}^{e\mathrm{T}} \boldsymbol{D} \boldsymbol{B}^e |\boldsymbol{J}| \mathrm{d}\xi \mathrm{d}\eta \mathrm{d}\zeta \qquad (6-7)$$

$|\boldsymbol{J}|$ 为雅克比行列式。对于八节点六面体单元,其雅克比矩阵 $\boldsymbol{J}$ 表示为

$$\boldsymbol{J} = \begin{bmatrix} \displaystyle\sum_{i=1}^{8} \dfrac{\partial N_i}{\partial \xi} x_i & \displaystyle\sum_{i=1}^{8} \dfrac{\partial N_i}{\partial \xi} y_i & \displaystyle\sum_{i=1}^{8} \dfrac{\partial N_i}{\partial \xi} z_i \\[3mm] \displaystyle\sum_{i=1}^{8} \dfrac{\partial N_i}{\partial \eta} x_i & \displaystyle\sum_{i=1}^{8} \dfrac{\partial N_i}{\partial \eta} y_i & \displaystyle\sum_{i=1}^{8} \dfrac{\partial N_i}{\partial \eta} z_i \\[3mm] \displaystyle\sum_{i=1}^{8} \dfrac{\partial N_i}{\partial \zeta} x_i & \displaystyle\sum_{i=1}^{8} \dfrac{\partial N_i}{\partial \zeta} y_i & \displaystyle\sum_{i=1}^{8} \dfrac{\partial N_i}{\partial \zeta} z_i \end{bmatrix} \qquad (6-8)$$

单元质量矩阵可分为一致质量矩阵与集中质量矩阵。一致质量矩阵可由下式计算。

$$\boldsymbol{M}^{e} = \iiint_{V} N^{T} \rho N \mathrm{d}x \mathrm{d}y \mathrm{d}z \tag{6-9}$$

式中,形函数 $N$ 与相应单元位移函数中采用的形函数相同,得到的质量矩阵元素分布形式与相应单元刚度矩阵元素的分布形式也相同,因而称为一致质量矩阵。

集中质量矩阵在满足质量守恒的条件下将单元的质量都集中于矩阵的对角线上,有两种方法将一致质量矩阵转换为集中质量矩阵:行相加法和对角元素放大法。

行相加法可表示为

$$\boldsymbol{M}_{l}^{e} = \begin{cases} \sum_{k=1}^{m} \iiint_{V} N_{i}^{T} \rho N_{k} \mathrm{d}x \mathrm{d}y \mathrm{d}z, & j = i \\ 0 & j \neq i \end{cases} \tag{6-10}$$

该式表示 $\boldsymbol{M}_{l}^{e}$ 的每行主元素等于 $\boldsymbol{M}^{e}$ 中该行所有元素之和,而非主元素将其设置为零。

对角元素放大法可表示为

$$\boldsymbol{M}_{l}^{e} = \begin{cases} \alpha \iiint_{V} N_{i}^{T} \rho N_{i} \mathrm{d}x \mathrm{d}y \mathrm{d}z, & j = i \\ 0, & j \neq i \end{cases} \tag{6-11}$$

该式表示 $[\boldsymbol{M}]_{l}^{e}$ 的每一行主元素等于 $\boldsymbol{M}^{e}$ 中该行主元素乘以缩放因子 $\alpha$,而非主元素将其设置为零。式中,

$$\alpha = \Big[ \sum_{k=1}^{m} \iiint_{V} N_{i}^{T} \rho N_{k} \mathrm{d}x \mathrm{d}y \mathrm{d}z \Big]^{-1} \tag{6-12}$$

以往使用经验表明,这两种质量矩阵在单元的数目相同的情况下,其计算精度不会有大的区别。通常,由集中质量矩阵获得的振动频率要比一致质量矩阵要低。由于一致质量矩阵是满秩矩阵,而在计算过程中需对由其组装的系统总体质量矩阵求逆,需要较多时间。为了提高计算效率和简化程序编译,在动力学有限元法计算中通常使用集中质量矩阵来代替一致质量矩阵。在通用有限元计算软件中,大多采用集中质量矩阵进行计算。

由于当前人们对阻尼机理认识还不够充分,很难准确计算阻尼矩阵,已发展出了几种单元阻尼矩阵的计算方法。当阻尼力与运动速度成正比时,单元阻尼矩阵通过下式计算得到。

$$\boldsymbol{C}^{e} = \iiint_{V} N^{T} \nu N \mathrm{d}x \mathrm{d}y \mathrm{d}z \tag{6-13}$$

而当阻尼系数 $\nu$ 与材料密度 $\rho$ 为常数时,上式可转换为

$$\boldsymbol{C}^{e} = \frac{\nu}{\rho} \iiint_{V} N^{T} \rho N \mathrm{d}x \mathrm{d}y \mathrm{d}z = \frac{\nu}{\rho} \boldsymbol{M}^{e} \tag{6-14}$$

当阻尼力与应变速率 $\dot{\varepsilon}$ 成比例时,单元的阻尼矩阵与单元的刚度矩阵成正比例,单元阻尼矩阵可按下式计算

$$\boldsymbol{C}^{e} = \nu \iiint_{V} \boldsymbol{B}^{T} \boldsymbol{D} \boldsymbol{B} \mathrm{d}x \mathrm{d}y \mathrm{d}z = \nu \boldsymbol{K}^{e} \tag{6-15}$$

瑞利阻尼则是把阻尼矩阵认为是由质量矩阵与刚度矩阵线性组合得到的,即

$$\boldsymbol{C}^{e} = \alpha \boldsymbol{M}^{e} + \beta \boldsymbol{K}^{e} \tag{6-16}$$

式中,$\alpha$ 和 $\beta$ 是两个与结构的固有频率和阻尼比例有关的系数。

将实体进行离散后,各个结构单元由节点而连接,那么实体的位移可通过所有节点的位移来表达。为进行单元特性的分析,由弹性力学的虚位移原理,可将所有外载荷等效地

移置到结构单元的节点上。如果单元 e 内有单元体积力 $\boldsymbol{G}^e = \{G_x, G_y, G_z\}^{eT}$，把微分体积 $\mathrm{d}x\mathrm{d}y\mathrm{d}z$ 上的体积力 $\boldsymbol{G}\mathrm{d}x\mathrm{d}y\mathrm{d}z$ 作为集中力，可得到移置后的等效节点力列阵为

$$\boldsymbol{F}_G^e = \iiint_V N^T \boldsymbol{G}^e \mathrm{d}x\mathrm{d}y\mathrm{d}z \tag{6-17}$$

螺旋桨因旋转运动会有离心力产生，可将这个离心力当成体积力处理，通过下式来计算。

$$\boldsymbol{F}_{ce}^e = \iiint_V \rho N^T \{ -\boldsymbol{\omega} \times (\boldsymbol{\omega} \times x) \} \mathrm{d}x\mathrm{d}y\mathrm{d}z \tag{6-18}$$

科里奥利力(科氏力)用于描述在旋转坐标系中做直线运动的质点会因惯性作用产生相对直线运动的一个偏移的力。

由于螺旋桨的旋转作用，单元 e 偏移的过程中将产生科氏力，可由下式计算。

$$\boldsymbol{F}_{co}^e = \iiint_V \rho N^T \{ -2\boldsymbol{\omega} \times \dot{u} \} \mathrm{d}x\mathrm{d}y\mathrm{d}z \tag{6-19}$$

式中，$\dot{u}$ 表示。

如果单元 e 的某一界面上分布有面力 $\overline{\boldsymbol{P}} = \{\overline{P}_x, \overline{P}_y, \overline{P}_z\}^T$，把微分面 $\mathrm{d}A$ 上的力 $\overline{\boldsymbol{P}} \cdot \mathrm{d}A$ 作为集中力，可得到移置后的等效节点力列阵为

$$\boldsymbol{F}_P^e = \iint_A N^T \overline{\boldsymbol{P}}^e \mathrm{d}A \tag{6-20}$$

在冰桨接触过程中，螺旋桨表面将承受接触冰载荷的作用，可将其当作面力处理施加于螺旋桨结构单元上。

$$\boldsymbol{F}_r^e = \iint_A N^T \boldsymbol{p}^e \mathrm{d}A \tag{6-21}$$

# 6.4　有限元结构动力学方程的求解方法

式(6-1)是与时间有关的二阶常微分方程，可采用数值方法进行求解。本文采用纽马克(Newmark)法来求解螺旋桨的结构动力的非线性响应问题。

假设 $t$ 时刻的位移 $q_t$、速度 $\dot{q}_t$ 和加速度 $\ddot{q}_t$ 为已知，求解 $t + \Delta t$ 时刻的位移 $q_{t+\Delta t}$、速度 $\dot{q}_{t+\Delta t}$ 和加速度 $\ddot{q}_{t+\Delta t}$。根据螺旋桨有限元动力学方法，$t + \Delta t$ 时刻可表示为

$$\boldsymbol{M} \ddot{q}_{t+\Delta t} + \boldsymbol{C} \dot{q}_{t+\Delta t} + \boldsymbol{K} q_{t+\Delta t} = R_{t+\Delta t} \tag{6-22}$$

式中，$R_{t+\Delta t}$ 表示结构受到的外载荷。

在 $t$ 到 $t + \Delta t$ 的时间间隔内，由纽马克法假定可知

$$\dot{q}_{t+\Delta t} = \dot{q}_t + [(1-\delta)\ddot{q}_t + \delta \ddot{q}_{t+\Delta t}]\Delta t \tag{6-23}$$

$$q_{t+\Delta t} = q_t + \dot{q}_t \Delta t + \left[ \left( \frac{1}{2} - \alpha \right) \ddot{q}_t + \alpha \ddot{q}_{t+\Delta t} \right] \Delta t^2 \tag{6-24}$$

式中，$\delta$ 和 $\alpha$ 表示积分参数。

定义下列常数

$$c_0 = \frac{1}{\alpha \Delta t^2}, c_1 = \frac{\delta}{\alpha \Delta t}, c_2 = \frac{1}{\alpha \Delta t}, c_3 = \frac{1}{2\alpha} - 1$$

$$c_4 = \frac{\delta}{\alpha} - 1, c_5 = \left( 1 - \frac{\delta}{2\alpha} \right) \Delta t, c_6 = (1-\delta)\Delta t, c_7 = \delta \Delta t \tag{6-25}$$

由式(6－24)求得$\ddot{q}_{t+\Delta t}$

$$\ddot{q}_{t+\Delta t} = \frac{1}{\alpha\Delta t^2}(q_{t+\Delta t} - q_t) - \frac{1}{\alpha\Delta t}\dot{q}_t - \left(\frac{1}{2\alpha} - 1\right)\ddot{q}_t = c_0(q_{t+\Delta t} - q_t) - c_2\dot{q}_t - c_3\ddot{q}_t \quad (6-26)$$

因而，$\ddot{q}_{t+\Delta t}$可由$q_t$、$\dot{q}_t$、$\ddot{q}_t$以及$q_{t+\Delta t}$表示。

将式(6－26)代入到式(6－23)中可得

$$\dot{q}_{t+\Delta t} = \frac{\delta}{\alpha\Delta t}(q_{t+\Delta t} - q_t) + \frac{1}{\alpha\Delta t}\left(1 - \frac{\delta}{\alpha}\right)\dot{q}_t - \left(1 - \frac{1}{2\alpha}\right)\Delta t\ddot{q}_t = \dot{q}_t + c_6\ddot{q}_t + c_7\ddot{q}_{t+\Delta t} \quad (6-27)$$

因而，$\dot{q}_{t+\Delta t}$可由$q_t$、$\dot{q}_t$、$\ddot{q}_t$以及$q_{t+\Delta t}$求得。

将式(6－26)和式(6－27)代入到式(6－22)中，可得

$$\boldsymbol{M}\left[\frac{1}{\alpha\Delta t^2}(q_{t+\Delta t} - q_t) - \frac{1}{\alpha\Delta t}\dot{q}_t - \left(\frac{1}{2\alpha} - 1\right)\ddot{q}_t\right] +$$

$$\boldsymbol{C}\left[\frac{\delta}{\alpha\Delta t}(q_{t+\Delta t} - q_t) + \frac{1}{\alpha\Delta t}\left(1 - \frac{\delta}{\alpha}\right)\dot{q}_t - \left(1 - \frac{\delta}{2\alpha}\right)\Delta t\ddot{q}_t\right] + \boldsymbol{K}q_{t+\Delta t}$$

$$= R_{t+\Delta t} \quad (6-28)$$

式(6－28)改写为

$$\left(\boldsymbol{K} + \frac{1}{\alpha\Delta t^2}\boldsymbol{M} + \frac{\delta}{\alpha\Delta t}\boldsymbol{C}\right)q_{t+\Delta t} = R_{t+\Delta t} + \boldsymbol{M}\left(\frac{1}{\alpha\Delta t^2}q_t + \frac{1}{\alpha\Delta t}\dot{q}_t + \left(\frac{1}{2\alpha} - 1\right)\ddot{q}_t\right) +$$

$$\boldsymbol{C}\left(\frac{\delta}{\alpha\Delta t}q_t + \left(\frac{\delta}{\alpha} - 1\right)\dot{q}_t + \left(1 - \frac{\delta}{2\alpha}\right)\Delta t\ddot{q}_t\right) \quad (6-29)$$

可令

$$\overline{\boldsymbol{K}} = \boldsymbol{K} + \frac{1}{\alpha\Delta t^2}\boldsymbol{M} + \frac{\delta}{\alpha\Delta t}\boldsymbol{C} = \boldsymbol{K} + c_0\boldsymbol{M} + c_1\boldsymbol{C} \quad (6-30)$$

$$\overline{\boldsymbol{R}}_{t+\Delta t} = R_{t+\Delta t} + \boldsymbol{M}\left(\frac{1}{\alpha\Delta t^2}q_t + \frac{1}{\alpha\Delta t}\dot{q}_t + \left(\frac{1}{2\alpha} - 1\right)\ddot{q}_t\right) + \boldsymbol{C}\left(\frac{\delta}{\alpha\Delta t}q_t + \left(\frac{\delta}{\alpha} - 1\right)\dot{q}_t + \left(1 - \frac{\delta}{2\alpha}\right)\Delta t\ddot{q}_t\right)$$

$$= R_{t+\Delta t} + \boldsymbol{M}(c_0q_t + c_2\dot{q}_t + c_3\ddot{q}_t) + \boldsymbol{C}(c_1q_t + c_4\dot{q}_t + c_5\ddot{q}_t) \quad (6-31)$$

则式(6－29)可改写为

$$\overline{\boldsymbol{K}}q_{t+\Delta t} = \overline{\boldsymbol{R}}_{t+\Delta t} \quad (6-32)$$

式中，$\overline{\boldsymbol{K}}$为有效刚度矩阵，$\overline{\boldsymbol{R}}_{t+\Delta t}$为有效载荷列阵。

由(6－32)式可求得$t+\Delta t$时刻的位移$q_{t+\Delta t}$，将求得的$q_{t+\Delta t}$代入式(6－26)和式(6－27)中，得到$t+\Delta t$时刻的加速度$\ddot{q}_{t+\Delta t}$和速度$\dot{q}_{t+\Delta t}$。

纽马克(Newmark)法可认为是隐式算法。当$\delta \geqslant 0.5$，$\alpha \geqslant 0.25(0.5+\delta)^2$，该数值求解方法的时间步长$\Delta t$大小不影响解的稳定性，但$\Delta t$的选取取决于解的精度要求、载荷动态变化情况等。总结上述推导过程，纽马克(Newmark)法的求解步骤如下：

(1)将计算模型离散为一系列有限单元。

(2)给定初始位移$q_0$、初始速度$\dot{q}_0$与初始加速度$\ddot{q}_0$。选择时间步长$\Delta t$、积分参数$\delta$和$\alpha$，求得积分常数。

(3)形成刚度矩阵$\boldsymbol{K}$、质量矩阵$\boldsymbol{M}$、阻尼矩阵$\boldsymbol{C}$，从而形成有效刚度矩阵$\overline{\boldsymbol{K}}$并对其进行三角分解。

(4)计算$t+\Delta t$时刻的有效载荷列阵$\overline{\boldsymbol{R}}_{t+\Delta t}$。

(5)计算$t+\Delta t$时刻的位移列阵$q_{t+\Delta t}$。

（6）由 $q_{t+\Delta t}$ 计算 $t+\Delta t$ 时刻的加速度 $\ddot{q}_{t+\Delta t}$ 和速度 $\dot{q}_{t+\Delta t}$。

（7）判断是否达到最大时间步长，若未达到返回步骤（4）；若达到结束计算。

计算得到的节点力可以通过下式转化成等效应力 $\overline{\sigma}$（Von – Mises 应力）。

$$\overline{\sigma} = \frac{1}{\sqrt{2}}\sqrt{(\sigma_x - \sigma_y)^2 + (\sigma_y - \sigma_z)^2 + (\sigma_z - \sigma_x)^2 + 6(\tau_{xy}^2 + \tau_{yz}^2 + \tau_{zx}^2)} \qquad (6-33)$$

式中，$\sigma_x$，$\sigma_y$，$\sigma_z$ 分别为在 $x$，$y$，$z$ 轴上的正应力；$\tau_{xy}$ 为其法向面在 $x$ 轴上，但与 $y$ 轴平行的剪切应力；$\tau_{yz}$ 为法向面在 $y$ 轴上，但与 $z$ 轴平行的剪切应力；$\tau_{zx}$ 为法向面在 $z$ 轴上，但与 $x$ 轴平行的剪切应力。

## 6.5　冰桨耦合动力学计算方法

冰桨接触是一个十分复杂的物理过程，涉及物体间不同的几何形状和尺寸，各自的物理和力学性质差异较大，存在有限变形和应变，以及断裂的发生和扩展等。冰桨接触过程中，冰块会发生挤压和破坏等，而螺旋桨则会发生变形，因此对其完善的数值描述应包括力学计算的许多方面，计算模型的选取及冰材料参数的确定是冰桨接触分析中非常重要的环节。由于海冰和螺旋桨的材料力学性质差异较大，在冰桨接触过程中，海冰表现为脆性破坏，而螺旋桨则表现为弹性体的性质，而且海冰和螺旋桨运动方式也不同，海冰的运动存在较大的随机性，螺旋桨则以一定的转速运动。基于此，在进行冰桨耦合动力学计算时，采用近场动力学方法模拟海冰的破碎过程，采用有限元法计算螺旋桨的结构响应，将桨叶假定为弹性结构，桨叶叶根处的所有节点设为固定端，即桨叶被刚性固定于桨毂上。在冰桨交界面处进行接触识别和冰载荷的计算来实现两者耦合，本书冰桨耦合动力学计算采用的是点面的接触方式。图 6 – 3 给出了本书近场动力方法与有限元法耦合的示意图。

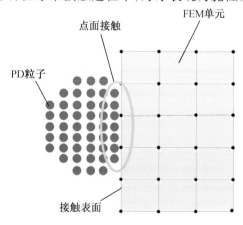

图 6 – 3　PD 与 FEM 方法耦合示意图

本书建立的冰桨接触耦合动力学计算模型的近场动力学方法和有限元法的求解域是不重合的，因此在开发该耦合模型的计算程序时，可以将近场动力学和有限元法独立编程，开发各种的计算模块，近场动力学计算部分可采用第 3 章建立的冰桨接触数值计算模型，有限元法计算部分应用本章介绍的螺旋桨结构动力响应计算模型，然后单独开发点面接触计算部分实现近场动力学方法和有限元法的数据交换。本书所建立的海冰和螺旋桨弹性结构耦合的动力学模型的计算流程如下：

（1）读入冰桨计算数据，包括螺旋桨型值和转速、冰块的几何参数和数目、冰块的进度、冰桨材料参数等。

（2）合理划分计算域，建立螺旋桨有限元结构单元和冰块离散为物质点形式，形成 PD/FEM 耦合计算模型。

（3）初始化有关的计算数据。对于冰块物质点，初始化所有物质点密度、体积、速度、加速度等。对于螺旋桨有限元结构单元,给定初始位移 $q_0$、初始速度 $\dot{q}_0$ 和初始加速度 $\ddot{q}_0$。在初始时刻,冰桨并未发生接触,因而桨叶表面力赋值为零,螺旋桨只受到自身离心力和科氏力作用。

(4)开始时间步的迭代计算,应用近场动力学方法计算 $t + \Delta t$ 时刻冰块与螺旋桨接触过程中冰块的破碎情况及冰载荷大小。

(5)将冰载荷作为面力施加到螺旋桨有限元结构单元表面,应用有限元结构动力学方法计算 $t + \Delta t$ 时刻桨叶结构的动力响应,即不同时刻下的桨叶应力和应变分布。

(6)判断是否到达最大时间步。若未达到,返回(4);若达到,结束计算。

计算流程图如图 6 – 4 所示。

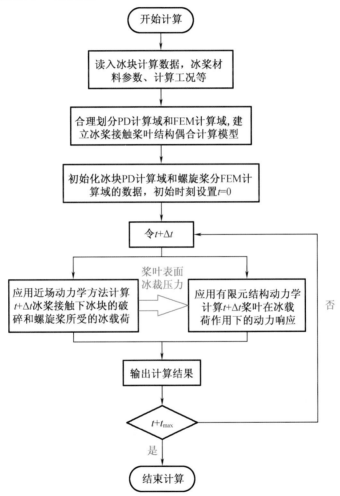

图 6 – 4　冰桨接触桨叶结构动力响应求解过程

# 6.6　小　　结

本章结合螺旋桨几何结构特点,提出了螺旋桨有限元结构单元自动剖分方法,避免了手动建模和网格划分过程,介绍了在外载荷作用下的螺旋桨总体有限元结构动力学方程,并以纽马克(Newmark)法推导了该方程的求解方法。将第3章建立的冰桨接触计算方法和本章的螺旋桨有限元结构动力学计算方法相结合,建立了冰桨接触桨叶结构动力响应计算方法,给出了相应的计算过程和流程,并自主开发了冰桨接触桨叶结构动力响应计算程序。在上述工作的基础上,首先开展了冰桨铣削工况下的桨叶结构动力响应特性分析,主要探讨了冰桨铣削过程中桨叶表面冰载荷压力、桨叶应力分布、桨叶的变形分布随时间变化特点。然后,开展了冰桨碰撞工况下的桨叶结构动力响应特性分析,以球体冰模型为例,研究了冰块与桨叶的导边、随边及叶梢碰撞过程中桨叶结构动力响应的不同特征。

## 参考文献

[1] BROUWER J, HAGESTEIJN G, BOSMAN R. Propeller-ice impacts measurements with a six-component blade load sensor [C]// Third International Symposium on Marine Propulsors smp, May 8 – 15, 2013, Tasmania, Australia, c2012: 47 – 53.

[2] 肖翀,覃文洁,左正兴. 曲轴应力场有限元计算单元类型和尺寸对计算精度和规模的影响[J]. 柴油机,2004(S1): 176 – 178.

[3] 廖宏伟. 基于迭代的六面体网格生成算法[D]. 杭州:浙江大学,2013.

# 第7章 冰桨铣削时桨叶结构动力响应预报及分析

## 7.1 概 述

在冰桨铣削过程中,螺旋桨桨叶持续不断地铣削大块海冰,桨叶将承受极端且剧烈波动的冰载荷作用[1]。在这种极端变幅冰载荷的作用下,由于桨叶厚度较薄使得桨叶不断发生振动变形,将可能导致螺旋桨桨叶发生疲劳损坏,从而危害极地航行船舶在冰区的安全航行[2]。由此可见,开展冰桨铣削工况下的桨叶结构动力响应研究,对于准确预测冰区桨的疲劳强度是非常重要的。当前,大部分冰桨铣削工况下的研究还主要停留在冰载荷的预报上,而对于冰载荷作用下的桨叶结构动力响应研究还非常少。

本章以第6章介绍的冰桨接触时螺旋桨桨叶结构响应数学模型为基础,建立冰桨铣削时桨叶结构动力响应数值计算模型,并分析冰桨铣削过程中桨叶表面的冰载压力分布、应力分布及位移分布的特点。在此基础上,开展了不同铣削深度下的桨叶结构动力响应特点研究,探索冰桨铣削过程中桨叶动力响应机理。

## 7.2 数值模型及参数设置

本节将应用所建立的冰桨耦合动力学计算方法开展冰桨铣削工况下的桨叶结构动态响应研究。冰块简化为立方体,长宽高分别为 $0.5D \times 0.25D \times 0.75D$,并离散成物质点的形式,将其置于螺旋桨前方上部。以 4.3.2 节介绍的 Icepropeller1 冰区桨为例,将其沿径向、弦向及厚度方向离散成有限元结构单元,径向采用半余弦分割,弦向采用平均分割,厚度方向采用余弦风格,径向、弦向以及厚度方向的网格数分别为 $24 \times 24 \times 6$。在冰桨铣削过程中,螺旋桨固定在原地且以一定转速旋转,冰块则以一定速度靠近螺旋桨,从而使得桨叶连续不断地切削冰块。冰桨铣削结构动力响应数值模型,如图7-1所示。

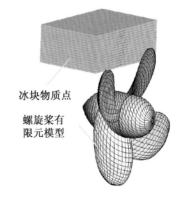

冰块物质点

螺旋桨有限元模型

图7-1 冰桨铣削时桨叶结构动力响应数值模型

# 7.3　冰桨铣削过程桨叶结构动力响应数值预报

计算工况设置如下:螺旋桨转速为 3 r/s,冰块的进速为 1.2 m/s[3]。运行计算程序,获得了冰桨铣削过程中桨叶冰载压力、桨叶表面应力和变形分布随时间的变化过程,提取每个时刻的桨叶最大变形量,分析冰桨铣削过程中桨叶结构动力响应特性。

## 7.3.1　压力分布

图 7-2 给出了冰桨铣削过程中不同时刻下的冰载压力分布云图,只给出了第一个桨叶和第二个桨叶铣削冰块的过程,主要是考虑到第一个桨叶和第二个桨叶由于铣削冰块的量不同冰块破碎过程也不同,而随后的桨叶铣削冰块过程与第二个桨叶是比较相似的。从整体来看,不同时刻下,叶面的冰载压力峰值要大于叶背,这是由于本节选择的计算工况的桨叶剖面的切削攻角为正值。

图 7-2(a)~图 7-2(d)为第一个桨叶铣削冰块过程中桨叶叶背和叶面冰载压力分布云图。图 7-2(a)为第一个桨叶与冰块的初始接触时刻,此时叶面的冰载压力主要集中在 $0.6R$ 半径导边的某个点附近,而叶背 $0.6R \sim 0.9R$ 的导边附近均布有冰载压力。由图 7-2(b)和图 7-2(c)可知,随着螺旋桨的旋转和冰块向螺旋桨方向移动,第一个桨叶将更加充分地与冰块发生接触,叶背和叶面的冰载作用区域及冰载荷大小均增大,叶面 $0.6R \sim 0.9R$ 的导边附近均有冰载压力的作用,但是还是集中在某个区域附近,而叶背 $0.6R \sim 0.95R$ 的导边有冰载荷的作用。图 7-2(d)为第一个桨叶将要切出冰块的时刻,此时冰载压力逐渐减小,作用区域叶逐渐移动到叶梢的导边附近。图 7-2(e)~图 7-2(h)为第二个桨叶铣削冰块过程中桨叶叶背和叶面冰载压力分布云图。图 7-2(e)为第二个桨叶与冰块的接触的时刻,由于本次计算的冰桨切削深度较大,第二个桨叶刚要接触冰块过程中第一个桨叶还未完全切出冰块,因此第一个桨叶和第二个桨叶均分布有冰载荷,而第一个桨叶的冰载压力大小要明显低于第二个桨叶。由图 7-2(f)和图 7-2(g)可知,随着螺旋桨的旋转和冰块向螺旋桨方向移动,第二个桨叶将更加充分地与冰块接触,叶背和叶面的冰载作用区域以及冰载荷大小均增大,叶面和叶背在 $0.6R$ 到叶梢的导边附近均有冰载压力的作用。图 7-2(g)为第二个桨叶将要切出冰块的时刻,冰载压力逐渐减小,作用区域向叶梢的导边附近靠近。对比第一个桨叶和第二个桨叶切削冰块过程可以发现,第二个桨叶的冰载压力大小和作用区域均要比第一个桨叶大,这是由于第二个桨叶的切削冰块量要大于第一个桨叶的缘故。

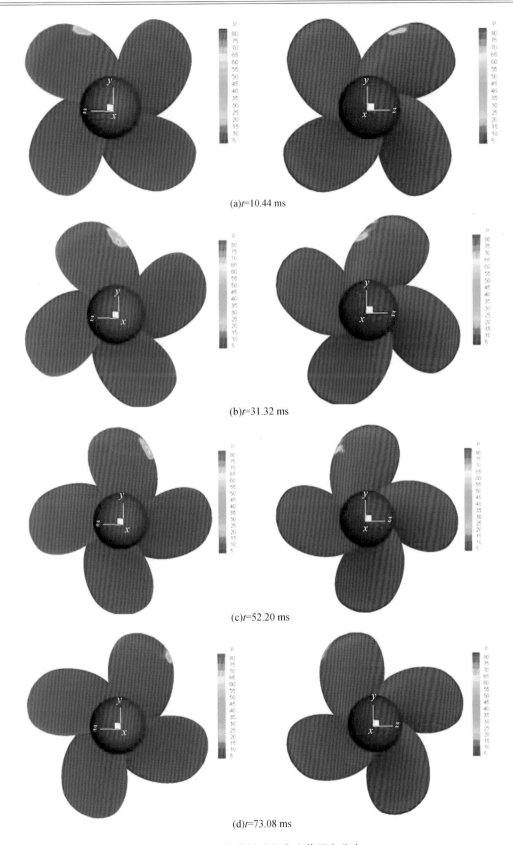

图 7 - 2 冰桨铣削过程中冰载压力分布

(e)$t$=93.96 ms

(f)$t$=114.84 ms

(g)$t$=135.72 ms

(h)$t$=156.62 ms

图 7 − 2(续)

### 7.3.2　应力分布

图7-3给出了与上述冰载压力分布对应的不同时刻的桨叶叶背和叶面应力分布云图。从整体来看,与冰块接触的桨叶会产生比较大的应力,而其他不与冰块接触的桨叶则看不出有任何应力的作用,而实际上不与冰块接触的桨叶会由于离心力的作用产生应力,只是离心力引起的桨叶应力要远小于冰桨接触载荷引起的应力;不同时刻桨叶叶背和叶面的应力分布有较大的不同,这一方面是由于桨叶叶背和叶面所承受的冰载压力不同,另一方面桨叶叶背和叶面的形状也是不同的。

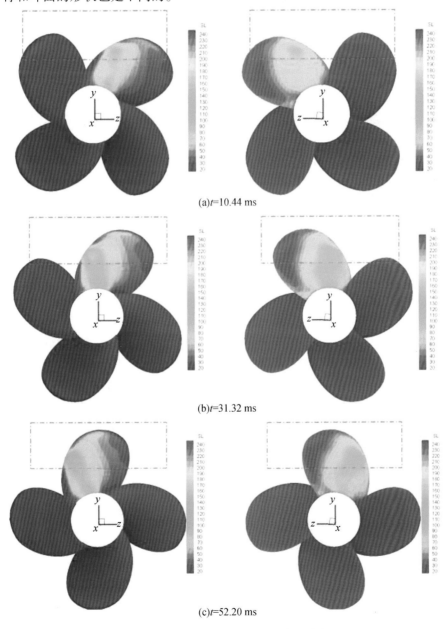

(a)$t$=10.44 ms

(b)$t$=31.32 ms

(c)$t$=52.20 ms

**图7-3　冰桨铣削过程中桨叶应力分布**

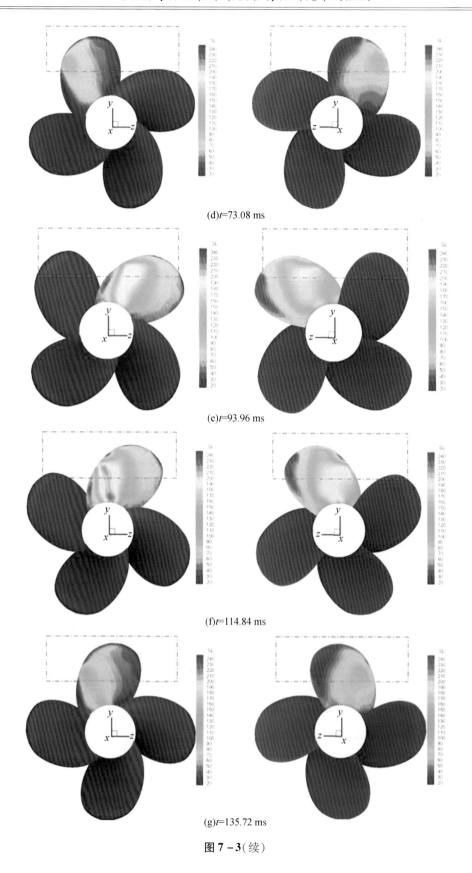

(d)$t=73.08$ ms

(e)$t=93.96$ ms

(f)$t=114.84$ ms

(g)$t=135.72$ ms

图 7-3(续)

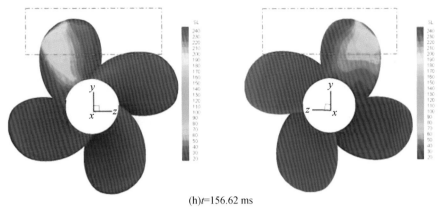

(h)$t$=156.62 ms

图 7 – 3(续)

　　图 7 – 3(a)～图 7 – 3(d)为第一个桨叶铣削冰块过程中桨叶应力分布随时间的变化。由图 7 – 3 可知,不同时刻桨叶最大应力均位于冰桨接触点位置附近。图 7 – 3(d)为第一个桨叶将要离开冰块的时刻,此时桨叶最大应力位于桨叶叶根靠近随边处,这是由于此时冰载荷引起的桨叶应力减小,将使得离心力引起的桨叶应力占主导地位。图 7 – 3(e)～图 7 – 3(h)为第二个桨叶铣削冰块过程中桨叶应力分布随时间的变化。由图 7 – 3 可知,从第二个桨叶切入冰块到切出冰块的过程中,桨叶最大应力先位于冰桨接触点位置附近,然后逐渐向叶根弦向中部移动,接着桨叶最大应力又向冰桨接触点位置移动,这主要是与冰桨接触冰载压力的分布区域有关系,第二个桨叶刚开始与冰块接触时,冰载压力集中于桨叶较小区域,然后接触区域逐渐变大,后来切出冰块的过程中,冰桨接触区域又开始变小了。其中,$t$ =114.84 ms 时桨叶应力达到最大,最大应力达到了 240 MPa,此时桨叶最大应力集中于桨叶叶根弦向位置中部附近。

　　图 7 – 4 给出了冰桨铣削过程中作用在螺旋桨上的最大应力随时间的变化。从总体来看,冰桨铣削过程中螺旋桨上的最大应力剧烈脉动,这将引起桨叶变形量的不断变化。在0～80 ms 时间范围内,第一个桨叶开始切入冰块,该时间段的桨叶最大应力低于随后桨叶切削。从第二个桨叶切入冰块起,随后桨叶切入冰块产生的最大应力峰值相当。虽然不同桨叶切入冰块过程中最大应力随时间的变化在局部区域存在差别,但是整体来看还是有一定的周期性的,周期为 85 ms,这是由于随后的每个桨叶切削冰块的深度是相同的。

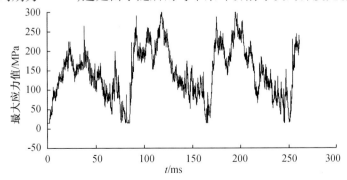

图 7 – 4　冰桨铣削桨叶最大应力时历曲线

### 7.3.3　位移分布

图 7 - 5 给出了与上述冰载压力分布对应的不同时刻的桨叶变形分布云图。从整体来看,与冰块接触的桨叶会产生比较大的变形,其他不与冰块接触的桨叶变形量非常小;冰桨铣削过程中桨叶变形主要集中在外半径靠近导边处的某个区域内,而桨叶的叶根及随边区域的变形量则非常小,这种变形特点容易导致外半径靠近导边处损坏或者桨叶发生扭转变形。

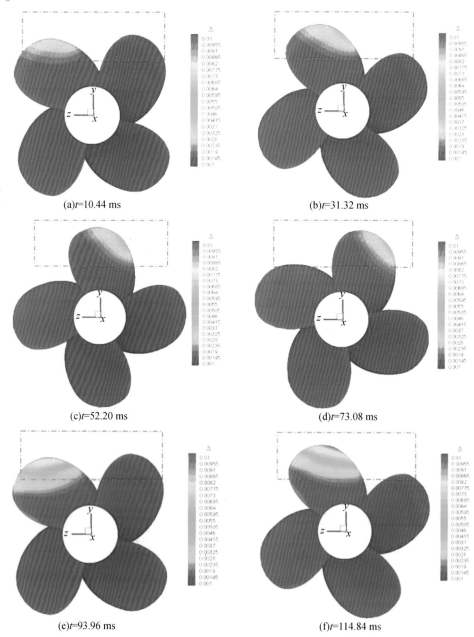

(a)$t$=10.44 ms　　　　　　　　　　(b)$t$=31.32 ms

(c)$t$=52.20 ms　　　　　　　　　　(d)$t$=73.08 ms

(e)$t$=93.96 ms　　　　　　　　　　(f)$t$=114.84 ms

**图 7 - 5　冰桨铣削过程中桨叶应力分布**

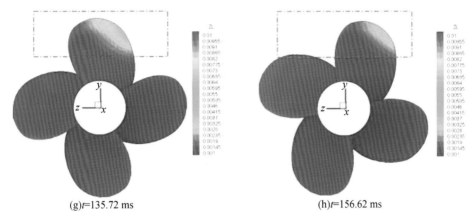

(g)$t$=135.72 ms　　　　　　　　　　　　(h)$t$=156.62 ms

图 7 – 5(续)

　　图 7 – 5(a)~图 7 – 5(d)为第一个桨叶铣削冰块过程中桨叶应力分布随时间的变化，桨叶变形区域及最大变形量表现为先增大后减小的趋势。如图 7 – 5(d)所示，桨叶切出冰块的过程中，桨叶变形量十分小。图 7 – 5(e)~图 7 – 5(h)为第二个桨叶铣削冰块过程中桨叶变形分布随时间的变化。相同角度位置处，第二个桨叶的变形量要比第一个桨叶的变形量大。

　　图 7 – 6 为冰桨铣削过程中桨叶最大变形量随时间的变化。对桨叶最大变形量随时间变化的曲线进行分析，有助于了解桨叶的振动特性，以及可能引起的疲劳破坏情况。从总体来看，冰桨铣削过程中螺旋桨上的最大变形量剧烈脉动，易引起桨叶冰激振动，从而带动轴系和船体振动，对破冰船在冰区航行的安全性构成威胁。在 0~80 ms 时间范围内，第一个桨叶开始切入冰块，该时间段的桨叶最大变形量峰值为 0.008 m，要低于随后桨叶切削冰块产生的最大变形量峰值。从第二个桨叶切入冰块起，随后桨叶切入冰块产生的最大变形量峰值基本相当，大约为 0.015 m 左右。虽然不同桨叶切入冰块过程中最大变形量随时间的变化在局部区域存在差别，但是整体来看还是有一定的周期性的，周期为 85 ms。

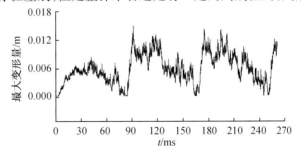

图 7 – 6　冰桨铣削桨叶最大应力时历曲线

　　为了进一步分析冰桨铣削过程中桨叶变形特性，提取第二个桨叶以后的桨叶变形曲线，并进行周期延拓，基于第 4 章介绍的快速傅里叶变换方法对桨叶变形的时域曲线进行频域分析，如图 7 – 7 所示。从频谱曲线来看，变形量幅值较大位置位于桨叶叶频的整数倍处，其中以叶频处(12.0 Hz)的变形量幅值最大，达到了 0.003 21 m。其他叶频处的变形量幅值虽然要小于叶频的整数倍处，但是变形量依然比较大，在冰区桨的设计过程中是不能忽略的。

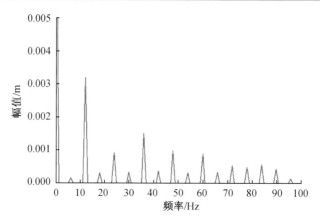

图 7-7　冰桨铣削工况下桨叶最大变形频域曲线

## 7.4　不同铣削深度下桨叶结构动力响应分析

切削深度是影响冰桨铣削过程中海冰破碎情况、动态冰载荷及桨叶结构动力响应的重要参数。为此,本节开展了不同切削深度对桨叶结构动力响应的分析。图 7-8 给出了切削深度的定义[4]。其中,$h$ 为切削深度,$\alpha$ 为切削角度。在螺旋桨转速为 3 r/s 和冰块速度为 1.8 m/s 的工况下,分别计算了 $0.4R$、$0.3R$ 和 $0.2R$ 三个切削深度下的冰载荷时历曲线、不同时刻的海冰破碎情况及桨叶的应力和位移分布,对比分析了不同切削深度下的桨叶结构动力响应特性。

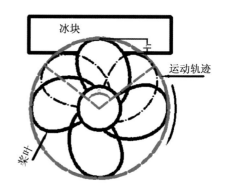

图 7-8　冰桨铣削时切削深度的定义

图 7-9 为不同切削深度下的冰桨铣削过程中 $x$ 轴方向上的力和力矩随时间变化曲线。由图 7-9 可知,不同切削深度下冰力曲线均存在剧烈的波动,这主要是由于冰桨铣削过程中不断地有挤压和碎冰块的产生过程。其中,切削深度为 $0.4R$ 的冰力曲线的波动幅值是最大的,而切削深度为 $0.2R$ 的冰力曲线的波动幅值最小。这表明了切削深度对桨叶受到的冰力有很大的影响。同时,由于切削深度为 $0.4R$ 时的切削角度是最大的,因此单个桨叶一次切削冰块的持续时间也是最长的。

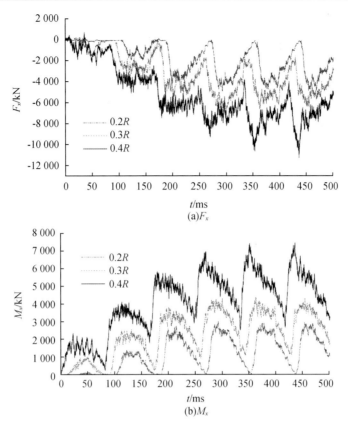

图 7 – 9 不同切削深度下的冰桨铣削时力和力矩的时历曲线

图 7 – 10 为在 $t = 240$ ms 时不同切削深度下的冰桨铣削的冰块破碎情况。由图 7 – 10 可知,随着切削深度的增大,切出的冰块的大小也越来越大。同时,随着切削深度的增大,切削后形成的冰块凹槽的尺寸也越来越大。

图 7 – 11 为在 $t = 240$ ms 时不同切削深度下的冰桨铣削的桨叶的冰载压力分布。由图 7 – 11 可知,三种切削深度下的冰载压力均分布在叶梢附近。而且随着切削深度的增加,冰载压力的分布面积将会向内半径区域增大。但是冰载压力不会对压力最大值有很大影响。

图 7 – 12 为在 $t = 240$ ms 时不同切削深度下的冰桨铣削的桨叶的应力分布。由图 7 – 12 可知,切削深度对桨叶应力分布有很大的影响。随着切削深度的增加,最大应力的峰值也不断增加,这非常容易引起桨叶的损坏。同时,最大应力所处的位置也有很大的不同,随着切削深度的增加,最大应力峰值将会由外半径向内半径区域移动。当切削深度为 $0.2R$ 时,应力主要集中在外半径区域;而当切削深度为 $0.4R$ 时,应力主要集中在内半径弦向中部位置。

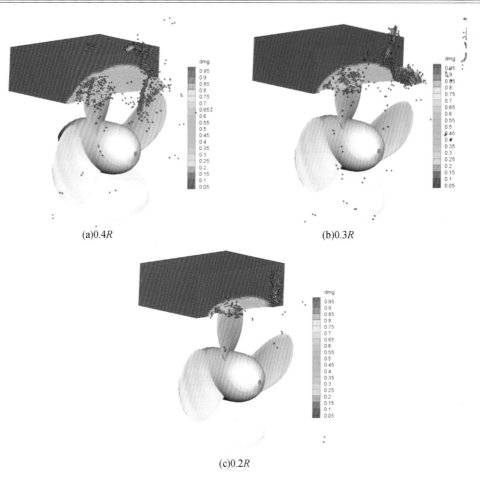

(a)0.4R　　　　　　　　　　　　　　　　(b)0.3R

(c)0.2R

**图 7 – 10　不同切削深度下的冰桨铣削的冰块破碎情况**

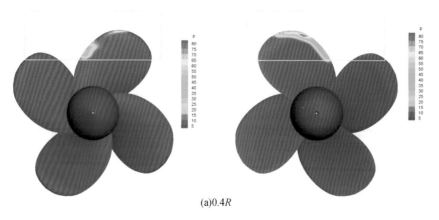

(a)0.4R

**图 7 – 11　不同切削深度下的冰桨铣削的桨叶的冰载压力分布**

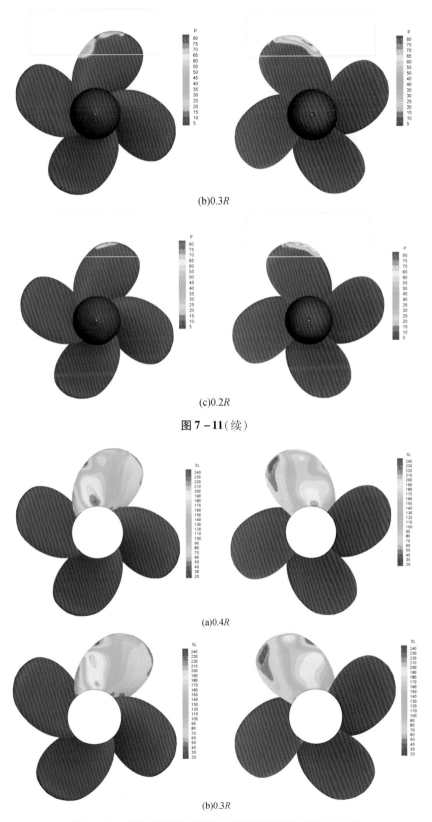

(b)0.3*R*

(c)0.2*R*

图 7 – 11(续)

(a)0.4*R*

(b)0.3*R*

图 7 – 12　不同切削深度下的冰桨铣削的桨叶的应力分布

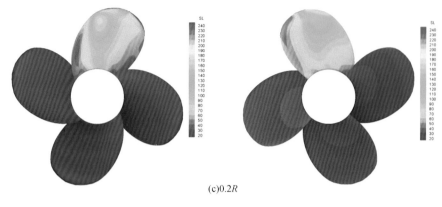

(c)0.2R

图 7 – 12(续)

图 7 – 13 为在 $t = 240$ ms 时不同切削深度下的冰桨铣削的桨叶的位移分布。由图 7 – 13 可知,三种切削深度下的桨叶的位移分布非常相似,主要集中在外半径区域且靠近导边处。但是,随着切削深度的增加,变形峰值也在不断增加。这种情况的桨叶变形容易引起桨叶的扭转位移。

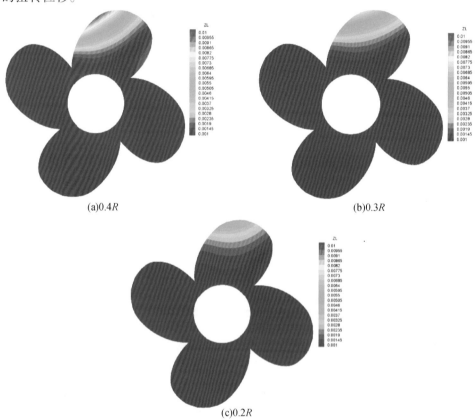

(a)0.4R

(b)0.3R

(c)0.2R

图 7 – 13　不同切削深度下的冰桨铣削的桨叶的位移分布

图 7 – 14 为不同切削深度下的冰桨铣削过程中 $x$ 轴方向上桨叶最大变形量随时间变化曲线,对该曲线进行分析有助于了解不同切削深度下桨叶的振动特性及可能引起的疲劳破坏情况。由图 7 – 14 可知,随着切削深度的增加,桨叶最大变形量的振动幅值也不断增大。

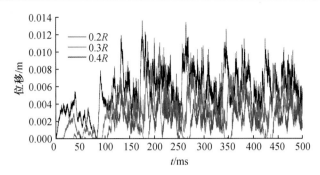

**图7-14　不同切削深度下的冰桨铣削的桨叶最大变形量时历曲线**

　　为了进一步分析不同切削深度下冰桨铣削过程中桨叶变形特性,提取第二个桨叶以后的桨叶变形曲线,并进行周期延拓,基于第4章介绍的快速傅里叶变换方法对桨叶变形的时域曲线进行频域分析,如图7-15所示。从频谱曲线来看,不同切削深度下变形量幅值较大位置均位于桨叶叶频的整数倍处,其中以叶频处(12.0 Hz)的变形量幅值最大,其他叶频处的变形量幅值要小于叶频整数倍处。

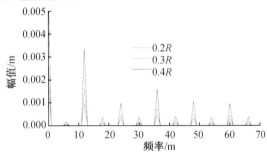

**图7-15　不同切削深度下的冰桨铣削的桨叶最大变形量频域曲线**

# 7.5　小　　结

　　本章对冰桨铣削过程中桨叶结构动力响应进行了研究。为了能够方便在可控条件下开展冰桨铣削时桨叶结构动力响应机理的研究,建立冰桨铣削桨叶结构动力响应数值计算模型,将冰块简化为方体,将螺旋桨桨叶设置为弹性体,并将其离散为一系列有限单元。在此基础上,开展了冰桨铣削过程中不同时刻下的桨叶压力分布、应力分布及位移分布。研究结果表明:冰桨铣削过程中桨叶结构将发生剧烈振动,容易引起冰激振动,对冰区桨的疲劳强度构成威胁。还开展了不同铣削深度下桨叶结构动力响应数值模拟,对比分析了不同切削深度下的冰载荷曲线、冰块破碎情况、桨叶压力分布、应力分布及位移分布。研究表明:随着冰桨铣削深度的增加,桨叶振动将越来越剧烈。

## 参考文献

[1]　WANG F,ZOU Z J,LI Z,et al. Numerical simulation of ice milling loads on propeller blade with cohesive element method[J]. Brodogradnja：Teorija i praksa brodogradnje i pomorske

tehnike,2019,70(1):109 – 128.

[2] VROEGRIJK E J,CARLTON J S. Challenges in modelling propeller-ice interaction[C]// American Society of Mechanical Engineers,The 33rd International Conference on Ocean, Offshore and Arctic Engineering. American Society of Mechanical Engineers,June 8 – 13 , 2014,San Francisco,California,USA:ASME,c2014:1 – 8.

[3] SPENCER D,JONES S J. Model-scale/full-scale correlation in open water and ice for Canadian coast guard[J]. Journal of ship research,2001,45(4):249 – 261.

[4] 常欣,李鹏,王超. 冰载荷和纵倾角对螺旋桨强度的影响[J]. 中国舰船研究,2018,13 (04):7 – 15,32.

# 第8章 冰桨碰撞时桨叶结构动力响应预报及分析

## 8.1 概　　述

冰区航行船舶在冰区航行过程中,碎冰块将沿着船体靠近螺旋桨。螺旋桨所处的水域周围存在大大小小的碎冰块。这些碎冰块的形状、尺度及其运动状态有很大的随机性,难免会与螺旋桨桨叶发生碰撞。由于螺旋桨的转速较大,将会有很大的冰载荷作用在桨叶上的局部区域,从而导致桨叶局部区域受到巨大冰载压力的冲击[1]。这种情况下极易导致桨叶边缘区域承受应力超过材料的极限应力,引起桨叶局部强度的不足而使桨叶损坏,特别是桨叶表面厚度比较薄的部位。众所周知,桨叶导边、随边及叶梢处的厚度是比较薄的,在如此大的冰载荷压力下,比较容易损坏[2-3]。由此可见,开展冰桨碰撞工况下的桨叶结构动力响应研究,对于准确预测冰区桨的静强度是非常重要的。

本章以第6章介绍的冰桨接触时螺旋桨桨叶结构响应数学模型为基础,建立冰桨碰撞时桨叶结构动力响应数值计算模型。在特定工况下,开展桨叶导边、随边及叶梢与冰块碰撞过程中桨叶的结构动力响应模拟,分析桨叶表面的冰载压力分布、应力分布及位移分布的特点,并获得冰块碰撞过程中桨叶表面的最大应力的时历曲线,从而评估最大应力峰值下的桨叶的强度性能。

## 8.2 数值模型及参数设置

本节将第6章建立的冰桨耦合动力学计算方法应用于冰桨碰撞桨叶结构动态响应研究中。在实际工况下,散布于螺旋桨水域附近的冰块形状和运动状态有很大的随机性,这给冰桨碰撞的研究带来了很大的困难[4]。为了方便研究,需要将冰桨碰撞实际情况作一些简化。为此,本书在开展冰桨碰撞过程数值模拟中,将冰块简化为球形,将其离散成物质点形式,在初始时刻以一定的速度靠近桨叶;将桨叶设置为弹性体,并将其实体结构离散成一系列有限单元[5],在初始时刻将桨叶设置为静止不动,相应的数值计算模型如图8-1所示。通过对上述数值计算模型的简化,能够方便开展冰桨碰撞工况的研究,可进行不同冰块大小与尺寸、碰撞位置等参数下的冰桨碰撞特性的分析。例如,可以通过初始时刻冰块所处的位置来决定冰块与桨叶的导边、随边及叶梢等不同部位的碰撞[6]。本书在开展冰桨碰撞过程研究中,将球形冰的直径设为$0.125D$。以4.3.2节介绍的Icepropeller1冰区桨为研究对象。

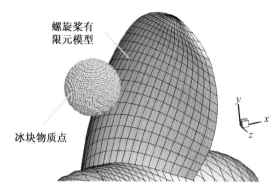

图 8 - 1　冰桨碰撞时桨叶结构动力响应数值模型

## 8.3　导边与冰块碰撞时桨叶结构动力响应数值预报

以 8.2 节建立的冰桨碰撞数值计算模型为基础,本节开展了螺旋桨桨叶导边与冰块碰撞时桨叶结构动力响应数值预报,计算工况设置如下:冰块的冲击速度设为 10 m/s,冲击位置在桨叶 $0.6R$ 半径导边处,如图 8 - 2 所示。运行计算程序,模拟得到冰桨碰撞过程中的不同时刻下的桨叶冰载压力、桨叶表面应力和变形分布,并提取桨叶最大应力时历曲线。

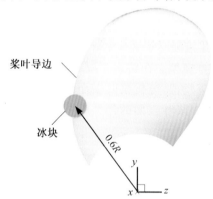

图 8 - 2　冰块与桨叶导边位置碰撞示意图

图 8 - 3 为冰桨碰撞过程中冰载压力随时间的变化情况。由图 8 - 3 可知,不同时刻下冰载压力均集中于碰撞点处。图 8 - 3(a)为冰桨碰撞开始时刻,此时冰载压力比较小,大约为 2.1 MPa。随着冰块的继续前进,冰桨碰撞从开始碰撞到充分碰撞,冰载压力迅速增大,最大压力约为 11.2 MPa,如图 8 - 3(b) ~ 图 8 - 3(d)所示。冰块由于受到接触力的作用,前进的速度将减小,最后将以一定的速度向远离桨叶的方向运动。在这种情况下,冰载压力将逐渐减小,直到为零,如图 8 - 3(e) ~ 图 8 - 3(f)所示。

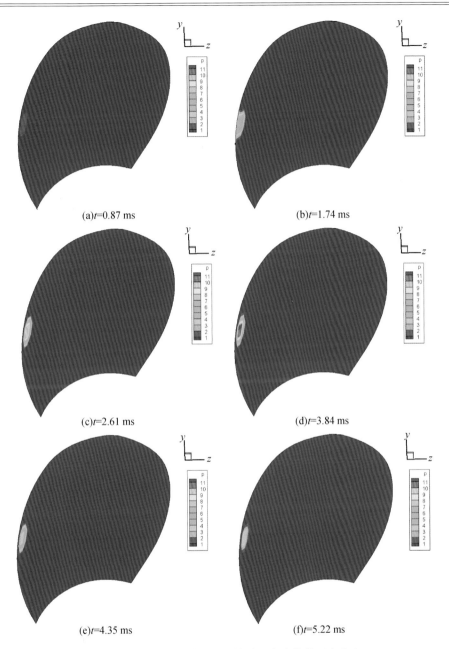

(a)$t$=0.87 ms　　　　　　　　　　　　　(b)$t$=1.74 ms

(c)$t$=2.61 ms　　　　　　　　　　　　　(d)$t$=3.84 ms

(e)$t$=4.35 ms　　　　　　　　　　　　　(f)$t$=5.22 ms

**图 8 - 3　冰块与桨叶导边碰撞过程中冰载荷压力分布**

　　图 8 - 4 为冰桨碰撞过程中桨叶应力随时间的变化。由图 8 - 4 可知,不同时刻桨叶应力均集中在碰撞位置的导边,只是在碰撞位置处有较大的应力,而远离碰撞点位置桨叶应力迅速减小,桨叶内半径处有一定的应力分布,而桨叶叶梢几乎不受到任何应力的作用。桨叶应力与冰载压力正相关,随着冰载压力的增大桨叶应力值不断增大,随着冰载压力的减小桨叶应力值也不断减小,其中以 $t$ = 3.84 ms 时的桨叶应力最大。

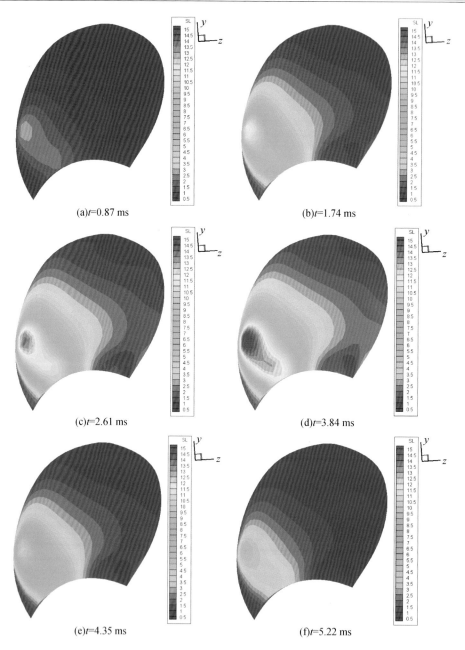

(a)$t$=0.87 ms

(b)$t$=1.74 ms

(c)$t$=2.61 ms

(d)$t$=3.84 ms

(e)$t$=4.35 ms

(f)$t$=5.22 ms

**图8-4　冰块与桨叶导边碰撞过程中桨叶应力分布**

图8-5为冰桨碰撞过程中桨叶变形量随时间的变化。由图可知,不同时刻桨叶变形集中在碰撞位置的导边处,从桨叶导边的中部到叶梢处存在变形,而其他位置几乎没有变形。桨叶变形量与冰载压力正相关,随着冰载压力的增大桨叶变形量不断增大,随着冰载压力的减小桨叶变形量也不断减小,其中以 $t$=3.84 ms时刻变形量最大。

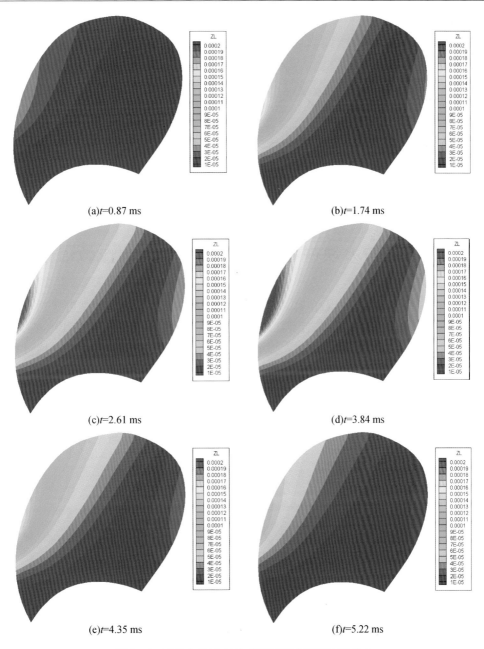

(a)$t$=0.87 ms

(b)$t$=1.74 ms

(c)$t$=2.61 ms

(d)$t$=3.84 ms

(e)$t$=4.35 ms

(f)$t$=5.22 ms

**图 8 – 5　冰块与桨叶导边碰撞过程中桨叶变形分布**

在桨叶导边与冰块碰撞过程计算中,提取每个时刻的桨叶最大应力值,绘制成如图 8 – 6 所示的曲线。由图 8 – 6 可知,从 0.5 ms 到 3.0 ms 桨叶最大应力值不断增大。在 3.5 ms 时应力达到最大,最大应力峰值为 15.5 MPa。从 3.9 ms 以后,桨叶最大应力不断减小直到为零。

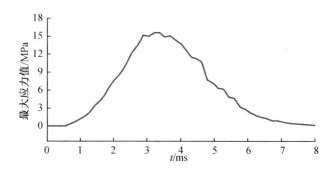

**图 8 - 6　冰块与导边碰撞过程中桨叶最大应力时历曲线**

## 8.4　随边与冰块碰撞时桨叶结构动力响应数值预报

　　以 8.2 节建立的冰桨碰撞数值计算模型为基础,本节开展了螺旋桨桨叶随边与冰块碰撞时桨叶结构动力响应数值预报,计算工况设置如下:冰块的冲击速度设为 10 m/s,冲击位置在桨叶 0.6R 半径随边处,如图 8 - 7 所示。运行计算程序,模拟得到冰桨碰撞过程中的不同时刻下的桨叶冰载压力、桨叶表面应力和变形分布,并提取桨叶最大应力时历曲线。

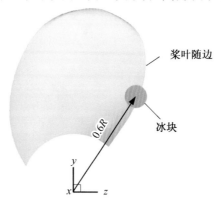

**图 8 - 7　冰块与桨叶随边位置碰撞示意图**

　　图 8 - 8 为球形冰与桨叶随边碰撞过程中冰载压力随时间的变化。从图 8 - 8 中可知,不同时刻下冰载压力均集中于碰撞点处,即桨叶的随边处。在初始时刻,冰桨碰撞的冰载压力还比较小,如图 8 - 8(a)所示。随后,冰块继续前进,使得冰桨碰撞达到充分阶段,冰载压力也迅速增大,如图 8 - 8(b) ~ 图 8 - 8(d)所示。在接触力的作用下,冰块将减速而后反弹,此时冰载压力迅速减小,直至为零。

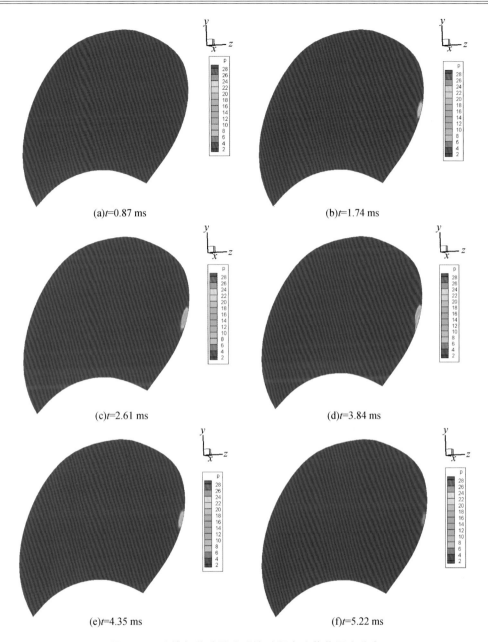

(a)$t$=0.87 ms　　　　　　　　　　(b)$t$=1.74 ms

(c)$t$=2.61 ms　　　　　　　　　　(d)$t$=3.84 ms

(e)$t$=4.35 ms　　　　　　　　　　(f)$t$=5.22 ms

**图 8 - 8　冰块与桨叶随边碰撞过程中冰载荷压力分布**

　　图 8 - 9 为球形冰与桨叶随边碰撞过程中桨叶应力随时间的变化。由图 8 - 9 可知,不同时刻桨叶应力均集中在碰撞位置的随边处,而远离碰撞点位置处的桨叶应力迅速减小,特别是叶梢和导边几乎不受到应力的作用。其中,$t$ = 3.84 ms 时刻的桨叶应力最大,而且相比相同速度撞击到桨叶导边位置处的应力要大得多,这主要是由于桨叶随边的厚度通常要比导边小得多。可见,冰区桨使用过程中应尽量避免随边与冰块碰撞或者在冰区桨设计过程中要对桨叶随边加强。

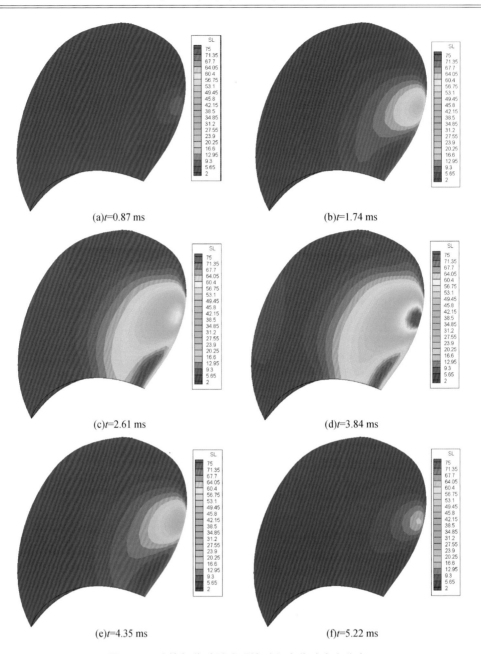

(a)$t$=0.87 ms　　　　　　　　　　　　　(b)$t$=1.74 ms

(c)$t$=2.61 ms　　　　　　　　　　　　　(d)$t$=3.84 ms

(e)$t$=4.35 ms　　　　　　　　　　　　　(f)$t$=5.22 ms

**图 8 - 9　冰块与桨叶随边碰撞过程中桨叶应力分布**

　　图 8 - 10 为球形冰与桨叶随边碰撞过程中桨叶变形随时间的变化。由图 8 - 10 可知,不同时刻桨叶变形均集中在碰撞位置的随边处,而远离碰撞点的变形量迅速减小,桨叶导边几乎没有发生变形。其中,$t$ = 3.84 ms 时刻变形量最大,最大变形量可达到 0.001 1 m。

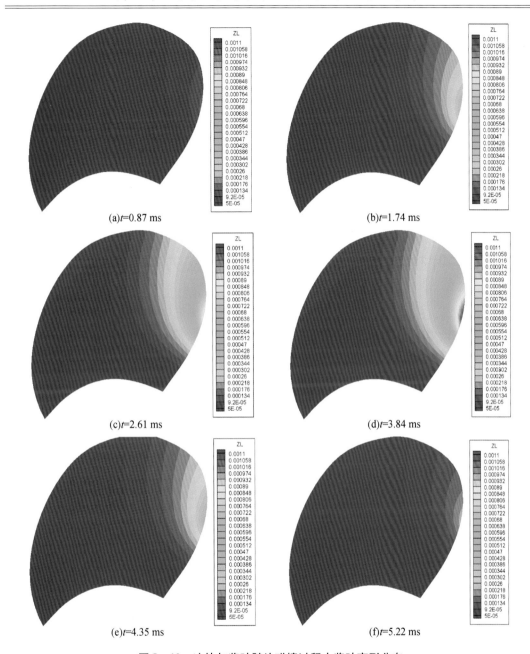

图 8 - 10　冰块与桨叶随边碰撞过程中桨叶变形分布

　　在桨叶随边与冰块碰撞过程计算中,提取每个时刻的桨叶最大应力值,绘制成如图 8 - 11 所示曲线。由图 8 - 11 可知,从 0.5 ms 到 3.2 ms 桨叶最大应力值不断增大。在 3.2 ms应力达到最大,最大应力峰值为75.9 MPa。从4.1 ms 以后,桨叶最大应力不断减小直到为零。

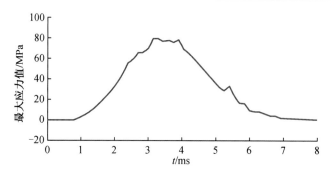

**图 8 – 11　冰块与导边碰撞过程中桨叶最大应力时历曲线**

## 8.5　叶梢与冰块碰撞时桨叶结构动力响应数值预报

以 8.2 节建立的冰桨碰撞数值计算模型为基础,本节开展了螺旋桨桨叶叶梢与冰块碰撞时桨叶结构动力响应数值预报,计算工况设置如下:冰块的冲击速度设为 10 m/s,冲击位置在桨叶叶梢处,如图 8 – 12 所示。运行计算程序,模拟得到冰桨碰撞过程中得的不同时刻下的桨叶冰载压力、桨叶表面应力和变形分布,并提取桨叶最大应力时历曲线。

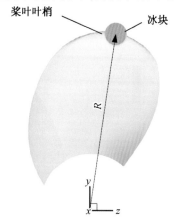

**图 8 – 12　冰块与桨叶叶梢位置碰撞示意图**

图 8 – 13 为冰桨碰撞过程中冰载压力随时间的变化。从图 8 – 13 中可知,不同时刻下冰载压力集中于碰撞点附近很小的区域内,冰载压力表现为先增大然后减小的趋势。其中,$t = 3.84$ ms 时刻桨叶承受的冰载压力达到最大。

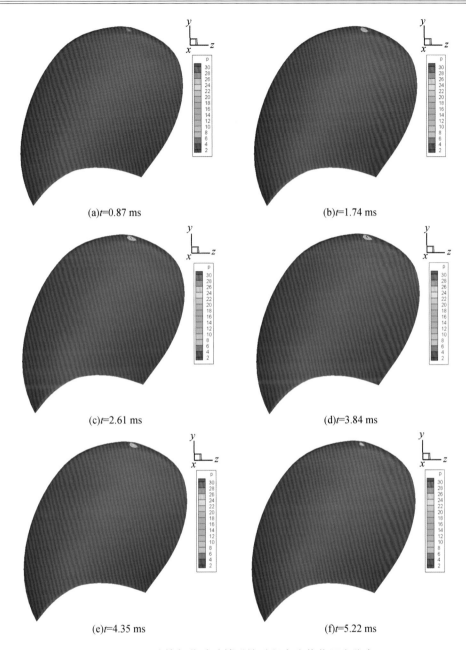

(a)$t$=0.87 ms

(b)$t$=1.74 ms

(c)$t$=2.61 ms

(d)$t$=3.84 ms

(e)$t$=4.35 ms

(f)$t$=5.22 ms

**图 8 – 13　冰块与桨叶叶梢碰撞过程中冰载荷压力分布**

图 8 – 14 为球形冰与桨叶叶梢中部碰撞过程中桨叶应力随时间的变化。不同时刻桨叶应力集中在碰撞点处。但是，从图 8 – 14 中可以看出，与前面两种情况不同的是这种工况下整个桨叶均会承受应力的作用。桨叶应力与冰载压力正相关，随着冰载压力的增大桨叶应力值不断增大，随着冰载压力的减小桨叶应力值也不断减小，其中 $t$ = 3.84 ms 时刻的桨叶应力最大。在叶梢处的局部区域有很大的应力集中。可见，这种碰撞工况容易导致桨叶叶梢发生损坏，所以在冰区桨设计过程中要特别注意叶梢处的厚度设计。

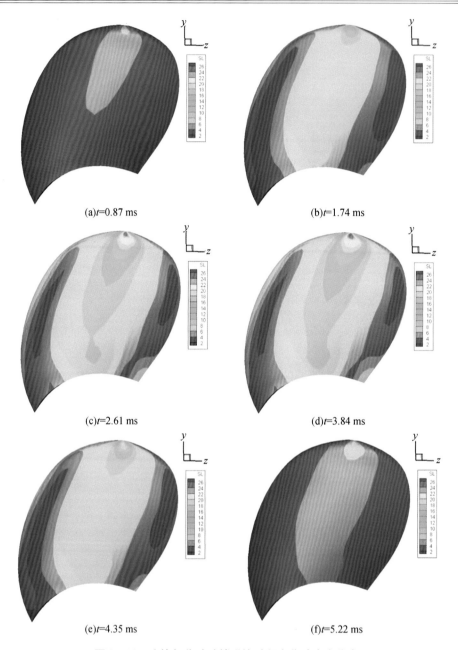

(a)$t$=0.87 ms　　　　　　　　　　　　(b)$t$=1.74 ms

(c)$t$=2.61 ms　　　　　　　　　　　　(d)$t$=3.84 ms

(e)$t$=4.35 ms　　　　　　　　　　　　(f)$t$=5.22 ms

图 8 - 14　冰块与桨叶叶梢碰撞过程中桨叶应力分布

　　图 8 - 15 为球形冰与桨叶叶梢碰撞过程中桨叶变形随时间的变化。该工况下桨叶变形主要集中在外半径处,其中而叶梢中部的变形量最大,而在桨叶内半径区域几乎没有发生任何变形。桨叶变形量与冰载压力正相关,随着冰载压力的增大桨叶变形量不断增大,随着冰载压力的减小桨叶变形量也不断减小,当 $t$ = 3.84 ms 时,变形量最大,可达 0.000 85 m。

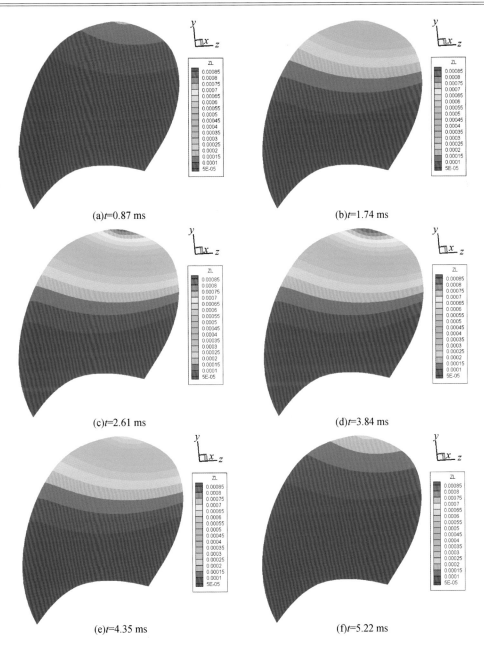

(a)$t$=0.87 ms　　　　　　　　　　　　　　(b)$t$=1.74 ms

(c)$t$=2.61 ms　　　　　　　　　　　　　　(d)$t$=3.84 ms

(e)$t$=4.35 ms　　　　　　　　　　　　　　(f)$t$=5.22 ms

**图 8 - 15　冰块与桨叶叶梢碰撞过程中桨叶变形分布**

　　在桨叶叶梢与冰块碰撞过程计算中,提取每个时刻的桨叶最大应力值,绘制成如图
8 - 16 所示曲线。由图 8 - 16 可知,从 0.5 ms 到 3.2 ms 桨叶最大应力值不断增大。在
3.6 ms 时应力达到最大,最大应力峰值为 27.7 MPa。从 4.0 ms 以后,桨叶最大应力不断减
小,直到为零。

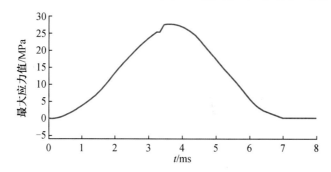

图 8-16 冰块与导边碰撞过程中桨叶最大应力时历曲线

# 8.6 小 结

本章对冰桨碰撞过程中桨叶结构动力响应进行了研究。针对冰桨碰撞实际工况的复杂性,为了方便开展研究将其进行了相应的简化,简化为球形冰与螺旋桨桨叶碰撞的数值计算模型。在此基础上,通过控制冰块的初始位置来实现冰块与桨叶的导边、随边及叶梢等位置的碰撞,开展了桨叶结构动力响应特性分析,研究了冰块与桨叶的导边、随边及叶梢碰撞过程中桨叶冰载压力分布、应力分布及位移分布的特点,并获得冰块碰撞过程中桨叶表面的最大应力的时历曲线。结果表明:桨叶随边与冰块碰撞过程中桨叶将承受比较大的应力作用,冰区桨使用过程中应尽量避免随边与桨叶碰撞或者在冰区桨设计过程中要对桨叶随边加强。

## 参考文献

[1] 胡志宽.冰载荷下螺旋桨静力分析及冰与桨碰撞动力响应研究[D].哈尔滨:哈尔滨工业大学,2014.

[2] HAGESTEIJN G,BROUWER J,BOSMAN R. Development of a six-component blade load measurement test setup for propeller-ice impact[C]//American Society of Mechanical Engineers,The 31st International Conference on Ocean,Offshore and Arctic Engineering, July 1-7,2012,Rio de Janeiro,Brazil:ASME,c2012:607-616.

[3] BROUWER J,HAGESTEIJN G,BOSMAN R. Propeller-ice impacts measurements with a six-component blade load sensor[C]// Third International Symposium on Marine Propulsors smp,May 8-15,2013,Tasmania,Australia,c2012:47-53.

[4] WIND J. The dimensioning of high power propeller systems for arctic icebreakers and icebreaking vessels (Part 3 and 4)[J]. International shipbuilding progress,1984,31 (357):131-144.

[5] 叶礼裕.冰桨接触动态特性及桨强度的预报方法研究[D].哈尔滨:哈尔滨工程大学,2018.

[6] LEE S K. Engineering practice on ice propeller strength assessment based on IACS Polar Ice Rule-UR13[M]. Austin:American Bureau of Shipping:2013:53-54.

# 第9章 冰区桨静强度预报方法研究

## 9.1 概　　述

破冰船在冰区正常航行时,螺旋桨的导边和叶梢处会不可避免地与冰块接触,即使在倒车工况下,螺旋桨随边也会与冰块接触。高速运转的螺旋桨与海冰接触时,桨叶将受到极端冰载荷作用,对螺旋桨结构有较大的危害。若桨叶强度不足,容易使其发生变形和损坏,所导致的螺旋桨结构损坏问题一直以来都困扰着设计者们[1]。因此,在冰区桨的研发过程中,做好螺旋桨的强度校核工作是减少破冰船海损事故的有效途径。由于冰桨相互作用载荷的大小会受到桨叶的几何形状和进速系数、攻角、切削深度等运转情况等的影响,因此长期以来都缺乏科学的模型来确定桨叶的设计载荷。国际船级社联合协会(IACS)在大量实船使用经验和模型试验的基础上,通过选择冰区桨生命周期内的最大冰载荷,对冰区桨的设计冰载荷做了详细的规定,给出了五种工况下的受力区域与冰载荷的计算公式,以及集中冰载荷作用在桨叶边缘的规定。

本章首先介绍了 IACS 冰级规范,对冰区螺旋桨强度规定进行了简要介绍。该规范通过规定设计冰载荷来计算螺旋桨的应力和应变,是一种静态研究方法。在第 6 章有限元结构动力学的基础上,忽略动载荷的时间效应,将控制方程简化为有限元结构静力计算方程。将规范规定的设计冰载荷施加到螺旋桨有限元结构模型中,建立冰载荷工况下的螺旋桨的强度校核方法;将规范规定的集中冰载荷施加到螺旋桨有限元结构模型中,建立集中冰载荷工况下桨叶边缘强度校核方法。然后以某个冰区桨为例,开展了冰载工况下和集中冰载荷工况下的螺旋桨静强度分析。

## 9.2　IACS URI3 中冰级桨强度校核规范

与常规螺旋桨不同,冰区螺旋桨对强度要求比较高。早期,各家船级社主要是针对冰区桨的厚度和应力范围做了规定,但要求有所不同。在 20 世纪 80 年代,实践经验证明现有的强度无法满足实际需求,很多方面都存在问题[2]。例如,加拿大有关桨叶几何参数的规定是基于设计冰载扭矩的,而不是直接作用在桨叶上的冰载荷,易导致桨叶变形和损坏。还有,对大侧斜调距桨规定不充分,易导致桨叶梢部和随边出现裂纹。因而,这些规范急需更新。

为了满足冰区船舶在北极安全航行的实际需求,从 20 世纪 90 年代起 IACS 对各国的冰区规范进行统一和整理,建立了 IACS URI3 冰级规范,并与 2008 年起开始实施。IACS URI3

冰级规范对冰区螺旋桨的设计冰载荷及叶片应力接受标准做了规定,认为桨叶外表面将受到向后和向前的冰载荷作用。IACS URI3 冰级规范中,不仅制定了冰区螺旋桨的强度要求,而且也对冰区螺旋桨材料进行了规范。本节重点介绍 IACS URI3 冰级规范中有关冰区螺旋桨强度规范要求。

### 9.2.1　冰载工况下的螺旋桨强度校核规范

IACS URI3 冰级规范中螺旋桨设计冰载荷仅适用于螺旋桨安装于船尾的情况,是螺旋桨在全寿命周期内预计承受的最大冰载荷。对于敞开式螺旋桨,IACS URI3 规范规定桨叶设计冰载荷如下:

冰区船舶在生命周期内,螺旋桨桨叶可能承受最大向后弯曲载荷 $F_b$ 为

当 $D < D_{limit}$ 时,

$$F_b = -27 S_{ice} (nD)^{0.7} \left(\frac{EAR}{Z}\right)^{0.3} D^2 \text{ kN} \qquad (9-1)$$

当 $D \geqslant D_{limit}$ 时,

$$F_b = -23 S_{ice} (nD)^{0.7} \left(\frac{EAR}{Z}\right)^{0.3} H_{ice}^{1.4} \cdot D \text{ kN} \qquad (9-2)$$

$$D_{limit} = 0.85 H_{ice}^{1.4} \qquad (9-3)$$

冰区船舶在生命周期内,螺旋桨桨叶可能承受最大向前弯曲载荷 $F_f$:

当 $D < D_{limit}$ 时,

$$F_f = 250 \left[\frac{EAR}{Z}\right] \left[D\right]^2 \text{ kN} \qquad (9-4)$$

当 $D \geqslant D_{limit}$ 时,

$$F_f = 500 \left(\frac{1}{1-\dfrac{d}{D}}\right) H_{ice} \left[\frac{EAR}{Z}\right] \left[D\right] \text{ kN} \qquad (9-5)$$

$$D_{limit} = \left(\frac{2D}{D-d}\right) H_{ice} \qquad (9.6)$$

式中,$n(r/s)$ 为主机在最大持续功率下额定转速的 85%;$d(m)$ 为桨毂直径;$D(m)$ 为螺旋桨直径;$Z$ 为桨叶数;$EAR$ 为盘面比;$H_{ice}$ 为冰层厚度;$S_{ice}$ 表征桨叶冰力的海冰强度指数。$H_{ice}$ 和 $S_{ice}$ 的取值如表 9-1 所示。

表 9-1　冰级系数

| 冰级 | $H_{ice}[m]$ | $S_{ice}$ |
|------|------|------|
| PC1 | 4.0 | 1.2 |
| PC2 | 3.5 | 1.1 |
| PC3 | 3.0 | 1.1 |
| PC4 | 2.5 | 1.1 |
| PC5 | 2.0 | 1.1 |
| PC6 | 1.75 | 1 |
| PC7 | 1.5 | 1 |

表 9 - 2 给出了五个冰载工况下设计冰载荷施加的区域。

表 9 - 2　冰载荷施加区域

| 工况 | 载荷 | 作用区域 | |
|---|---|---|---|
| 一 | $F_b$ | 叶背上 0.6$R$ 至叶梢且由导边弦向延伸 0.2 倍弦长 | |
| 二 | 50% $F_b$ | 叶背上 0.9$R$ 以外的螺旋桨叶梢 | |
| 三 | $F_f$ | 叶面上 0.6$R$ 至叶梢且由导边弦向延伸 0.2 倍弦长 | |
| 四 | 50% $F_f$ | 叶面上 0.9$R$ 以外的螺旋桨叶梢 | |
| 五 | 60% max $\{F_b, F_f\}$ | 叶面上 0.6$R$ 至叶梢且由随边弦向延伸 0.2 倍弦长 | |

对于冰载工况下的冰区桨强度校核,根据 IACS URI3 冰级规范,需要满足强度准则如下:

$$\frac{\sigma_{ref}}{\sigma} \geqslant 1.5 \qquad (9-7)$$

式中,$\sigma$ 为设计冰载荷下计算的桨叶应力,假如采用有限元法,应选择范式等效应力(von

Mises 等效应力);$\sigma_{ref}$参考应力,取值 $\min\{0.7\sigma_u, 0.6\sigma + 0.4\sigma_{0.2}\}$,其中,$\sigma_u$ 为极限拉伸应力,$\sigma_{0.2}$ 为弹限强度。

### 9.2.2　集中冰载荷下的桨叶边缘强度校核规范

冰区船舶在极地地区航行中,螺旋桨桨叶导边、随边及叶梢等边缘区域将频繁与其周围水域内散布的碎冰块发生碰撞。在与这些碎冰块碰撞过程中,桨叶边缘区域将可能承受高度集中的接触冰载荷的作用。通常,桨叶这些边缘区域的厚度比较小,因而非常容易损坏,出现锯齿、裂纹或者一些小缺口等,这可能引起螺旋桨水动力性能、空泡以及噪声等性能的恶化。由此可见,在冰区桨的设计和研发过程中,进行集中冰载荷作用下的桨叶边缘区域的强度校核是非常重要的,这也是保证冰区船舶安全航行的关键。

早期,各个船级社的冰区规范规定了冰区桨的边缘厚度。其中,CCS 规范要求冰区桨桨叶从边缘到 1.25 $t$($t$ 为叶梢厚度)弦向处测量的厚度不能小于 $0.5t$;LR 船级社 1995 年也规定了冰桨桨叶边缘区域的厚度。与这些早期规范不同,IACS URI3 冰级规范参考冰区桨的生命周期和桨叶边缘的受载情况,规定了其边缘区域的载荷大小与加载位置。根据 IACS URI3 规范规定:

(1)冰区桨桨叶在与碎冰块碰撞过程中,其接触冰载荷往往集中于桨叶表面很小的面积内,而平均的冰载压力规定为 16 MPa。

(2)受载面的边长取为 $\min(2.5\% L, 45 \text{ mm})$,其中 $L$ 为所在半径弦长的 2.5%,如图 9-1 所示。

(3)当对半径小于 $0.975R$ 的边缘区域校核时,受载面边长是沿着半径方向进行选取的;而当对半径大于 $0.975R$ 的边缘区域校核,受载面边长是垂直于桨叶边缘线方向进行选取的。

从上述规定可知,IACS URI3 冰级规范是对直接作用于桨叶边缘区域的冰载荷和受载区域进行规定的,能够更加合理地对冰区桨桨叶的边缘区域进行强度校核。

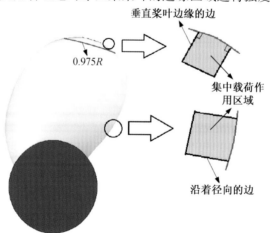

图 9-1　集中载荷作用区域

在 IACS URI3 规范中,将其简化为简单的模型,即一个悬臂梁承受平均压力载荷的作用。根据 URI3 方法,当桨叶与冰块碰撞时,冰冲击压力通常集中于一个很小的面积。URI3 中典型面积是边长均为 2.5% 弦长的区域部分。URI3 中采用平均压力 16 MPa 作为冲击载荷。悬臂梁模型用于评估该条形区域的应力。在 $x$ 处的应力可由下式计算得到：

$$\sigma = 3p_{ice}(x/t)^2 \qquad (9-8)$$

将上述应力计算公式与 URI3 桨叶边缘厚度计算公式相比，URI3 的实际安全系数公式可以由下式获得。

$$SF_\sigma = \frac{\sigma_{ref}}{3p_{ice}(x/t_{edge})^2} = \frac{(SS_{ice})^2}{3} \qquad (9-9)$$

式中，$S$ 是在 URI3 中定义的安全系数，导边处取值 3.5，随边处取值 2.5，叶梢处取值 5。$S_{ice}$ 为冰强度指数，PC6 – PC7 级冰区桨取值 1.0，对于 PC2 – PC5 冰区桨取值 1.1，PC1 级冰区桨取值 1.2。$t_{edge}$ 为 $x$ 处的厚度；$p_{ice}$ 为冰载压力，即 16 MPa；$x$ 取值为 $\min(2.5\% \ L, 45 \ mm)$，当半径小于 $0.975R$ 时沿着弦长方向量取，当半径大于 $0.975R$ 时沿垂直于桨叶边缘方向量取。

对于 7 个冰级，根据应力值的实际边缘安全系数可计算出来，如表 9 – 3 所示。

表 9 – 3　冰级桨强度安全系数表

| 冰级 | $S_{ice}$ | 导边 | 随边 | 叶梢 |
|------|-----------|------|------|------|
| PC1 | 1.2 | 5.88 | 3.00 | 12.00 |
| PC2 ~ PC5 | 1.1 | 4.94 | 2.52 | 10.08 |
| PC6 ~ PC7 | 1.0 | 4.08 | 2.08 | 8.33 |

将规范所规定的冰载荷压力施加于受载面所在的桨叶结构单元表面，进而求得螺旋桨表面的应力和变形分布。然后，将求得的应力峰值与所选用的螺旋桨材料极限应力进行对比，从而校核螺旋桨的强度是否能够满足需要。然而，由于螺旋桨几何形状的复杂性，边缘区域的受载面不容易获得且网格划分有一定难度，当前集中载荷作用下的冰区桨边缘强度的校核方法的研究还处于初步阶段。

## 9.3　有限元法计算螺旋桨的静强度理论

由 6.3 节可知，在旋转坐标系中，螺旋桨在外载荷和自身体载荷作用下其桨叶的总体有限元结构动力学方程为

$$M\ddot{u} + C\dot{u} + Ku = F_{Ce} + F_{Co} + F_r \qquad (9-10)$$

式中，$M$、$C$ 和 $K$ 分别为总体附加惯性力矩阵、附加阻尼力矩阵、刚度矩阵。$\ddot{u}, \dot{u}, u$ 分别为节点的加速度、速度和位移。$F_{Ce}$、$F_{Co}$ 和 $F_r$ 分别为离心力、科氏力和桨叶受到的外载荷。

由于本章是对冰区桨的静强度进行计算的，因而其节点的加速度 $\ddot{u}$、速度 $\dot{u}$ 以及科氏力 $F_{Co}$ 为零，方程简化为

$$Ku = F_{Ce} + F_r \qquad (9-11)$$

由于有限元法是将实体结构剖分成单元，因此总体刚度矩阵 $K$ 由所有单元的单元刚度进行集成和叠加而成，总体节点力列阵 $F = F_{Ce} + F_r$ 是将所有单元的等效节点力进行集成和叠加。式（9 – 11）是一个大型的线性方程组，根据已知的位移边界条件与应力边界条件

计算出单元节点位移与节点应力。

如果单元 e 内有集中力 $\boldsymbol{P}^e = \{P_x, P_y, P_z\}^{eT}$，根据虚位移原理，可得到移置后的等效节点力列阵：

$$\boldsymbol{F}_P^e = \boldsymbol{N}^T \boldsymbol{P}^e \qquad (9-12)$$

式中，$\boldsymbol{N}$ 为形函数矩阵。若桨叶没有承受集中力，该力的大小为零。

如果单元 e 内有单元体积力 $\boldsymbol{G}^e = \{G_x, G_y, G_z\}^{eT}$，把微分体积 $\mathrm{d}x\mathrm{d}y\mathrm{d}z$ 上的体积力 $\boldsymbol{G}\mathrm{d}x\mathrm{d}y\mathrm{d}z$ 作为集中力，可得到移置后的等效节点力列阵：

$$\boldsymbol{F}_G^e = \iiint_V \boldsymbol{N}^T \boldsymbol{G}^e \mathrm{d}x\mathrm{d}y\mathrm{d}z \qquad (9-13)$$

螺旋桨因旋转运动将有离心力，可将该离心力作为体积力处理，可通过下式来计算：

$$F_{ce}^e = \iiint_V \rho \boldsymbol{N}^T \{-\boldsymbol{\omega} \times (\boldsymbol{\omega} \times x)\} \mathrm{d}x\mathrm{d}y\mathrm{d}z \qquad (9-14)$$

式中，$\rho$ 为螺旋桨材料密度；$\omega$ 螺旋桨旋转速度；$x$ 为螺旋桨坐标点。

如果单元 e 的某一界面上分布有面力 $\overline{\boldsymbol{P}} = \{\overline{P}_x, \overline{P}_y, \overline{P}_z\}^T$，把微分面 $\mathrm{d}A$ 上的力 $\overline{\boldsymbol{P}} \cdot \mathrm{d}A$ 作为集中力，可得到移置后的等效节点力列阵：

$$\boldsymbol{F}_P^e = \iint_A \boldsymbol{N}^T \overline{\boldsymbol{P}}^e \mathrm{d}A \qquad (9-15)$$

9.2.1 节和 9.2.2 节规定的桨叶受载区域的冰载压力可作为面力施加到有限元结构中，并通过下式等效地移置到单元节点上：

$$\boldsymbol{F}_r^e = \iint_A \boldsymbol{N}^T \boldsymbol{P}^e \mathrm{d}A \qquad (9-16)$$

从而得到单元基本方程 $\boldsymbol{K}^e \boldsymbol{u}^e = \boldsymbol{F}^e$ 中的单元等效节点力列阵 $\boldsymbol{F}^e$：

$$\boldsymbol{F}^e = \boldsymbol{F}_{ce}^e + \boldsymbol{F}_r^e \qquad (9-17)$$

## 9.4　冰载工况下的螺旋桨强度校核

### 9.4.1　计算流程

为解决有限元软件中螺旋桨建模和网格划分复杂、五个工况加载区域难以识别，以及计算结果不稳定的问题，基于 FORTRAN 语言自主编译了冰载工况下螺旋桨强度的快速预报程序。该程序能够自动完成螺旋桨实体结构的单元剖分，完成五种典型工况下的受力区域识别和设计冰载荷的计算，完成对螺旋桨表面的均布载荷开展螺旋桨强度有限元计算。下面以 4.3.2 节介绍的 PC3 级冰区桨 Icepropeller1 为计算模型，介绍冰载工况下的螺旋桨强度校核的实施过程：

（1）沿展向、弦向及厚度方向对螺旋桨的实体结构进行剖分。生成螺旋桨有限元结构单元，同时需要强制在径向 0.6R、0.9R 以及弦向 0.2C 和 0.8C 位置处布置网格线。螺旋桨网格线能够被划分得十分密集（图 9-2）。

（2）识别 IACS 五个工况的加载区域，计算加载区域的面积，根据公式计算出 IACS 五个设计冰载荷。再将设计冰载荷除以加载区域的面积，得到加载区域的均布载荷。

（3）将（2）中计算出的均布冰载压力作为面力施加于螺旋桨有限元结构单元表面,基于 9.3 节的螺旋桨静强度理论计算得到桨叶的应力分布和变形分布,如图 9 - 2 所示。

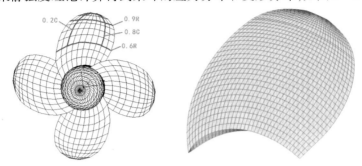

图 9 - 2　强制网格线及网格分布

## 9.4.2　网格划分方式及收敛性分析

网格的划分对于有限元结构分析计算至关重要,高质量的网格具有更好的收敛性、计算效率和计算精度。因而,进行螺旋桨的结构化网格划分时,在靠近桨叶周围区域应细化块的划分,以适应桨叶形状变化,保证网格质量。同时应对导边、随边等重要位置进行局部加密。

在第 3.2.1 节已介绍,螺旋桨实体结构是沿径向、弦向及厚度方向进行网格划分的。为了保证桨叶外半径的几何贴合程度高,沿径向网格采用半余弦分割的方式,即径向网格从叶根到叶梢是由疏到密的过程。为了保证桨叶导边和随边的几何贴合度高,沿弦向网格采用余弦分割的方式,即弦向网格从导边到随边是由密到疏再到密的过程。桨叶表面是属于边界区域,通常需要对边界区域的网格进行加密处理,因而沿厚度方向采用的也是余弦分割方式,即厚度方向网格从叶背到叶面是由密到疏再到密的过程。上述网格划分方法根据螺旋桨几何结构特点,在螺旋桨结构的关键部位进行网格加密,可在满足计算精度要求的前提下明显减少网格数量。

为了保证冰区螺旋桨有足够的强度,其展弦比通常比较小,厚度比较大,因而下列进行网格收敛性分析时,径向、弦向及厚度方向的网格比例为 4∶4∶1。当然,这个比例需要实际情况来选择,若展弦比比较大,那么径向网格数应大于弦向网格数。

图 9 - 3 和图 9 - 4 分别为将桨叶应力预报结果导入到 Tecplot 软件中得到的桨叶应力和位移分布,即在计算工况下径向、弦向和厚度方向的网格数分别为 $16 \times 16 \times 4$、$20 \times 20 \times 5$、$24 \times 24 \times 6$ 以及 $28 \times 28 \times 7$ 时的桨叶叶面的应力和位移分布。

由图 9 - 3 可知,网格数较少时桨叶应力分布不均匀,而随着网格数的增加桨叶应力分布越来越均匀,应力分布趋势逐渐收敛并趋于稳定。当径向、弦向和厚方向网格数为 $24 \times 24 \times 6$ 和 $28 \times 28 \times 7$ 时,桨叶应力分布基本一致。因此,可认为网格数为 $24 \times 24 \times 6$ 时桨叶应力计算收敛性可以得到保证。

由图 9 - 4 可知,与桨叶应力分布不同,不同的网格数目的桨叶变形分布均比较均匀,分布趋势也基本一致,均表现为外半径靠近导边的变形较大,而内半径变形较小。但是变形量存在一定差别,从图中的颜色变化可以看出,随着网格数目的增多,变形量有所增大,增大的趋势有所放缓。当径向、弦向和厚度方向网格数为 $24 \times 24 \times 6$ 和 $28 \times 28 \times 7$ 时,桨叶变形分布基本一致。可见,网格数为 $24 \times 24 \times 6$ 时桨叶变形计算收敛性可以得到保证。

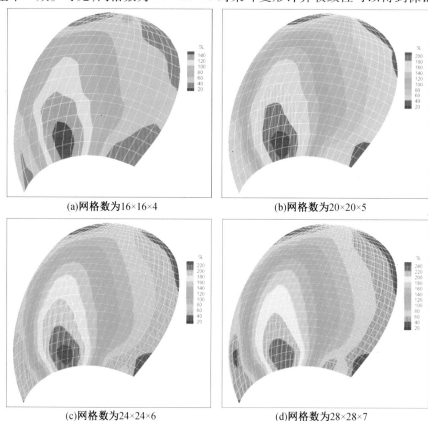

(a)网格数为16×16×4　　　　　　(b)网格数为20×20×5

(c)网格数为24×24×6　　　　　　(d)网格数为28×28×7

**图 9 – 3　不同网格数桨叶应力分布**

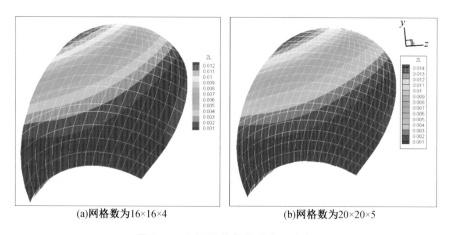

(a)网格数为16×16×4　　　　　　(b)网格数为20×20×5

**图 9 – 4　不同网格数桨叶变形分布**

为了更好地分析不同网格数对计算结果收敛性的影响,图 9 – 5 和图 9 – 6 分别给出了在计算工况下不同网格数对应的最大等效应力和最大位移曲线,网格数由弦向、径向和厚度方向网格划分数目相乘得到。由图 9 – 5 和图 9 – 6 可知,随着网格数量的增加,最大等效应力和最大位移均不断增大,但是增大的幅度有所减小;当网格数超过 3 456( $24 \times 24 \times 6$ )时,虽然最大等效应力和最大位移还有增长的趋势,但是增长的幅度已经很小了。因此,当网格数为 3 456(24 × 24 × 6)时,基本可以认为计算结果收敛。

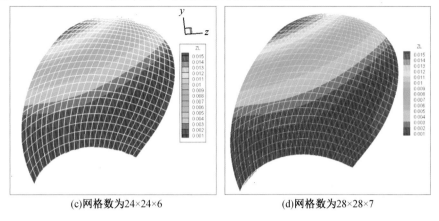

(c)网格数为24×24×6　　　　　　　　　(d)网格数为28×28×7

图 9 – 4(续)

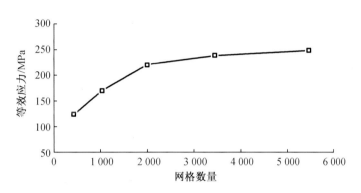

图 9 – 5　不同网格数桨叶最大应力曲线

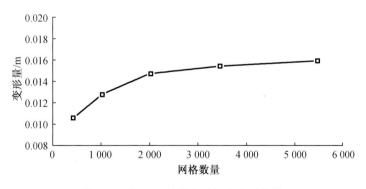

图 9 – 6　不同网格数桨叶最大变形曲线

### 9.4.2　计算方法验证

为了验证编译的计算程序的可靠性,将计算结果与商用有限元软件 ANSYS 中 Workbench 模块的计算结果进行对比,以 9.2.1 节介绍的五个冰载工况的工况一为例进行对比分析。

图 9 – 7 为编译程序计算方法和有限元软件计算的桨叶叶背和叶面应力分布云图对比。由图 9 – 7 可知,编译程序计算方法和有限元软件预报叶背和叶面的应力分布基本一致,而采

用编译程序计算方法预报的应力分布更为均匀,这主要是因为该方法在进行桨叶网格剖分时能够结合螺旋桨几何结构的特点,而商业软件很难做到这点。可见,编译程序计算方法预报的冰载荷工况下的桨叶应力分布比商用软件更加合理。

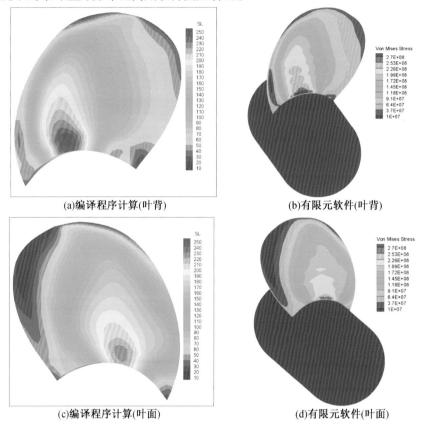

(a)编译程序计算(叶背)　　　　　　(b)有限元软件(叶背)

(c)编译程序计算(叶面)　　　　　　(d)有限元软件(叶面)

**图 9 - 7　桨叶应力分布对比**

图 9 - 8 为编译程序计算方法和有限元软件计算的桨叶变形分布云图对比。由图 9 - 8 可知,编译程序计算方法和有限元软件预报桨叶变形分布基本一致,两种方法预报的桨叶应力分布均较为均匀,验证了编译程序计算方法在预报桨叶应力分布上的可行性。

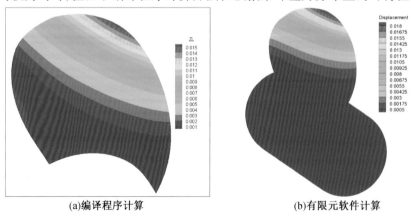

(a)编译程序计算　　　　　　　　　(b)有限元软件计算

**图 9 - 8　桨叶变形分布对比**

### 9.4.3　算例分析

1. 计算模型及设计冰载荷

以 4.3.2 节介绍的 Icepropeller1 冰区桨为研究对象，选择用于冰区桨强度计算的螺旋桨材料的参数如表 9-4 所示。

表 9-4　螺旋桨材料参数

| 材料 | 弹性模量/GPa | 泊松比 | 密度/(kg·m⁻³) | 许用应力/MPa |
|------|------------|-------|-------------|-------------|
| 镍铝青铜 | 117 | 0.34 | 7 600 | 620 |

根据 IACS 规范，螺旋桨转速选为 3 r/s，冰级选为 PC3。由 9.2.1 节不同冰级下冰载荷计算公式和冰载荷施加区域规定，计算五种工况的载荷值及受载面积，并由此计算得到受载压力，如表 9-4 所示。

表 9-5　冰载荷计算结果

| 冰载工况 | 载荷值/kN | 受力面积/m² | 压力/MPa |
|---------|----------|-----------|----------|
| 工况一 | 1 630.32 | 0.264 7 | 6.159 |
| 工况二 | 815.16 | 0.192 0 | 4.245 |
| 工况三 | 682.30 | 0.233 9 | 2.917 |
| 工况四 | 341.15 | 0.173 7 | 1.964 |
| 工况五 | 978.19 | 0.233 4 | 4.191 |

2. 桨叶应力分布

将五种工况下的冰载荷加载到各自的作用区域上，运行冰载工况下螺旋桨强度预报程序，获得各个工况下的桨叶应力分布。图 9-9 给出了各个工况下的桨叶叶背和叶面的应力分布云图。

由图 9-9 可知，冰载工况一和工况三下的螺旋桨叶背和叶面表面的应力分布主要集中于叶根靠近弦向的区域，这主要是由于这两种工况下的桨叶在导边附近处受到载荷的作用。这两种工况对桨叶根部的弦向中部处有较大的破坏性。除此之外，两种工况下桨叶叶背和叶面应力分布趋势较为一致，但是桨叶叶背的应力均要大于叶面的应力，这主要与桨叶剖面机翼形状有关，此桨叶背较凸，而叶面较平。因为工况一的加载值要大于工况三，工况一中桨叶表面各处的应力均要大于工况三。冰载工况二和工况四下的螺旋桨叶背和叶面表面的应力分布主要集中于桨叶外半径弦向中部，这是由于两种工况下桨叶受载区域位于叶梢处，易引起桨叶向前或向后的弯曲变形。两种工况下桨叶叶背和叶面应力分布较为一致，并且桨叶叶背应力均大于叶面的应力。此外，工况二的桨叶表面应力要大于工况四。

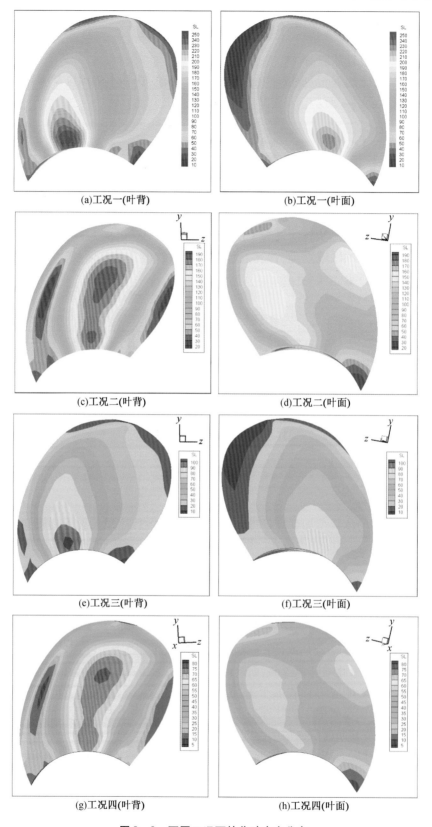

图 9 - 9　不同工况下的桨叶应力分布

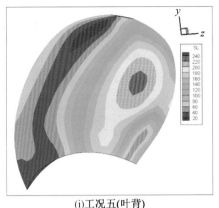 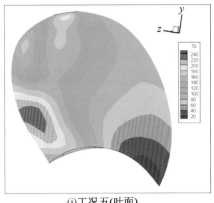

(i)工况五(叶背)　　　　　　　　　　　　　(j)工况五(叶面)

**图 9 - 9**(续)

　　工况五中的冰载荷是在倒车时冰与螺旋桨桨叶随边接触作用产生的。该工况下桨叶应力主要集中在桨叶根部叶面的随边附近,这是由于该工况下桨叶受载区域位于桨叶随边附近。桨叶叶面和叶背的应力分布有所不同,这是桨叶随边翼型剖面决定的。由于随边处的厚度通常比较小,易引起桨叶损坏。因此,对于固定螺距螺旋桨,在进行螺旋桨设计时要对随边区域进行冰区加强,同时尽量避免倒车工况,防止冰对桨叶随边处的损坏,倒车时的螺旋桨转速不得过高。而对于调距桨,无须对桨叶随边进行强度校核。

　　为了进一步分析不同工况下的桨叶应力特点,提取不同工况下的应力峰值,并将其绘制成条形图,如图 9 - 10 所示。由图 9 - 10 可知,工况一的桨叶应力峰值是最大的,主要由于加载的设计冰载荷是最大的,因而桨叶强度评估要重点关注工况一。工况五的桨叶应力峰值稍小于工况一,也是比较危险的工况,当冰区桨需要倒转时,要对该工况进行强度评估。工况四的桨叶应力峰值最小,可不用进行强度校核。

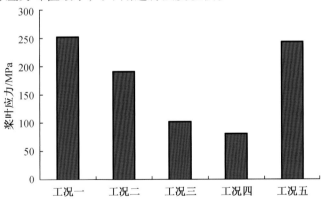

**图 9 - 10　不同工况下的桨叶应力峰值**

3. 桨叶变形分布

　　将五个工况下的冰载荷加载到各自的作用区域上,运行冰载工况下螺旋桨强度预报程序,获得不同工况下的桨叶变形云图,如图 9 - 11 所示。

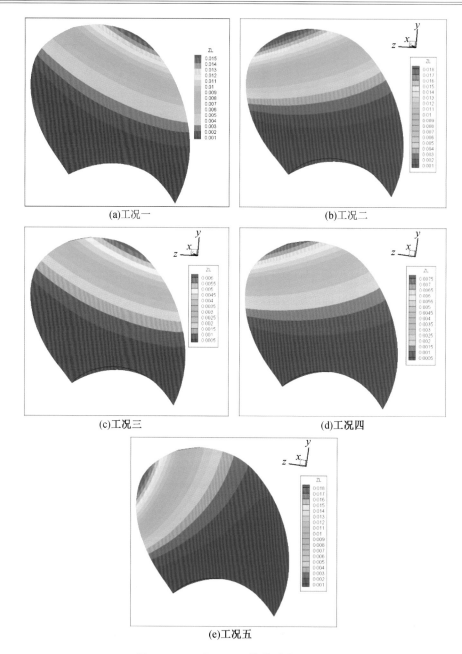

(a)工况一                (b)工况二

(c)工况三                (d)工况四

(e)工况五

**图 9 – 11   不同工况下的桨叶变形分布**

由图 9 – 11 可知,冰载工况一和工况三下的螺旋桨桨叶变形分布十分相似,均是在受载区域发生比较大的变形,即桨叶导边外半径处。但是两种工况下桨叶变形方向是相反的,工况一桨叶向 $x$ 轴正方向变形,而工况三桨叶向 $x$ 轴负方向变形。这两种工况主要引起桨叶的扭转变形。

冰载工况二和工况四下的螺旋桨桨叶变形分布十分相似,变形区域主要是在桨叶叶梢处。两种工况桨叶变形方向相反,工况二向桨叶 $x$ 轴正方向变形,引起桨叶向后弯曲,工况四向桨叶向 $x$ 轴负方向变形,引起桨叶向前弯曲。

工况五的桨叶变形区域主要是在桨叶外半径处。桨叶变形方向为 $x$ 轴负向,主要引起桨叶扭转变形或者引起随边处的损坏。

4.桨叶强度校核结果

在上文中,计算得到了不同工况下的桨叶最大应力后,便可根据式(9-7)对该冰区桨的强度进行校核。参考文献[2],取螺旋桨材料的极限拉伸强度为590.0 MPa,弹限强度为245.0 MPa,从而计算得到参考应力为383.0 MPa。表9-6给出了不同工况下的安全系数。由表9-6可知,不同工况下桨叶安全系数均大于1.5,因而在冰载工况下此螺旋桨的强度满足要求。

**表9-6 不同工况下的安全系数**

| 冰载工况 | 参考应力/MPa | 等效应力/MPa | 安全系数 |
| --- | --- | --- | --- |
| 工况一 | 383.0 | 254.2 | 1.51 |
| 工况二 | 383.0 | 192.1 | 1.99 |
| 工况三 | 383.0 | 103.6 | 3.70 |
| 工况四 | 383.0 | 81.4 | 4.71 |
| 工况五 | 383.0 | 245.2 | 1.56 |

# 9.5 集中冰载荷下的桨叶边缘强度校核

## 9.5.1 计算流程

为了评估冲击冰载荷下的桨叶边缘强度,IACS URI3冰级规范给出了集中冰载荷下的桨叶边缘强度校核方法,已在9.2.2节进行了介绍。这里将IACS URI3冰级规范对桨叶边缘区域的规定和螺旋桨静强度有限元计算方法相结合,基于FORTRAN语言开发了集中冰载工况下的桨叶边缘区域强度校核程序,解决了如何识别边缘区域受载面、如何进行局部网格加密的问题。该程序能够自动识别受载区域、自动按要求对螺旋桨实体结构进行合理的有限单元划分,自动完成桨叶边缘区域的强度计算。以下以PC3级冰区桨Icepropeller1为例,对本程序的实施过程进行介绍。

(1)根据要校核的桨叶边缘区域,确定集中冰载荷的作用位置,即加载半径位置以及导边、随边、叶梢等区域。

(2)由集中冰载的作用位置,识别桨叶上的加载区域,按要求沿展向、弦向及厚度方向对螺旋桨的实体结构进行网格剖分,并且对加载位置附近的网格进行局部加密。

(3)将规范要求的16 MPa均布冰载压力施加于加载位置处,由螺旋桨有限元静强度理论计算出桨叶的应力分布与变形分布。

### 9.5.2　网格划分方法

为了使计算更为准确,通常需要对受载区域进行网格加密,同时需要合理地选择网格划分方式,以保证划分得到的网格有较高的贴合度。

集中冰载荷作用的桨叶边缘包括导边、随边或者叶梢,不同区域网格划分应有所不同。图 9 - 12 给出了三种加载区域下的网格划分方式。如图 9 - 12(a)所示,当桨叶某一半径的导边受集中载荷作用时,加载区域附近应进行网格加密。沿径向所选半径至叶梢的网格划分方式为余弦分割,即网格是由密到疏再到密的过程,这样既确保加载区域网格足够,也能保证叶梢几何贴合度好;沿径向所选半径至叶根的网格划分方式为半余弦分割,即网格是由密到疏的过程,因为只需确保加载区域网格足够;而所有半径位置导边至随边采用半余弦分割,即网格由密到疏,确保加载位置处的网格密度足够。如图 9 - 12(b)所示,当桨叶某一半径的随边受集中载荷作用时,沿半径的网格划分方式与导边受载相同,而所有半径位置随边至导边采用半余弦分割,即网格由密到疏,确保加载位置处的网格密度足够。如图 9 - 12(c)所示,当桨叶某一半径的叶梢处某一弦向位置受集中载荷作用时,叶根到叶梢的沿径向网格划分方式采用由密到疏再密的余弦分割,该弦向到导边或者到随边沿弦向均采用半余弦分割。

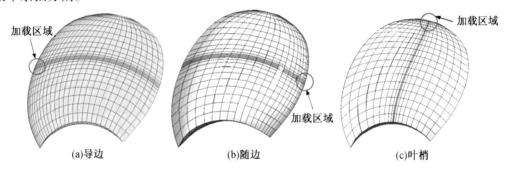

(a)导边　　　　　　(b)随边　　　　　　(c)叶梢

**图 9 - 12　同工况下的桨叶变形分布**

### 9.5.4　算例分析

1.桨叶应力和变形分布

本算例选择与 9.4 节相同的螺旋桨模型和材料参数,运行计算程序,获得桨叶应力和变形分布数据,再将计算结果导入 tecplot 得到各分布云图。

图 9 - 13 为集中载荷施加于 $0.7R$ 导边处的叶背和叶面的应力分布及变形分布。从应力分布可知,桨叶应力集中在导边载荷施加位置处,而远离载荷施加位置处的桨叶应力迅速减小,在叶梢处的桨叶几乎不受应力作用。同时,叶背应力大小要明显低于叶面。从桨叶变形分布来看,桨叶变形也是集中在载荷施加位置处,但是在叶梢处也有较大的变形。

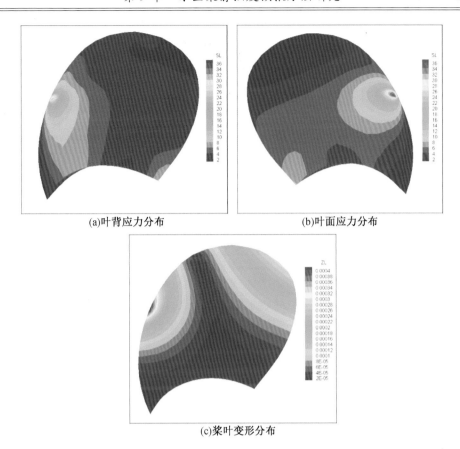

(a)叶背应力分布　　　　　　　　(b)叶面应力分布

(c)桨叶变形分布

**图 9 – 13　导边受载下桨叶应力和变形分布**

　　图 9 – 14 为集中载荷施加于 $0.7R$ 随边处的桨叶叶背和叶面的应力分布及变形分布。从应力分布可知,桨叶应力集中在随边载荷施加位置处,而远离载荷施加位置处桨叶应力迅速减小。同时叶背应力大小要明显高于叶面,这与导边集中受载是相反的。同时从桨叶变形分布来看,桨叶变形也是集中在载荷施加位置处,远离受载区域时变形较小,这种现象与冲击载荷作用是非常类似的。

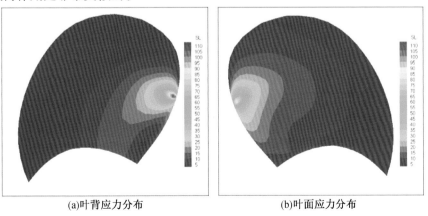

(a)叶背应力分布　　　　　　　　(b)叶面应力分布

**图 9 – 14　随边受载下桨叶应力和变形分布**

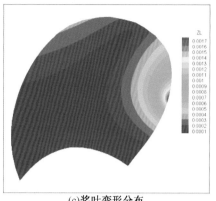

(c)桨叶变形分布

**图 9 - 14**(续)

　　图 9 - 15 为集中载荷作用于叶梢中部时桨叶叶背和叶面的应力分布及变形分布。从应力分布可知,桨叶应力集中在叶梢中部载荷施加位置处,但是整个桨叶均有应力分布,特别是叶根导边处也有一定的应力集中。从桨叶变形分布来看,变形主要集中在叶梢中部,而整个外半径也存在变形。

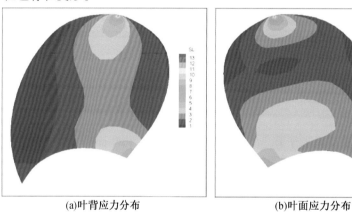

(a)叶背应力分布　　　　　　　　　　　　　(b)叶面应力分布

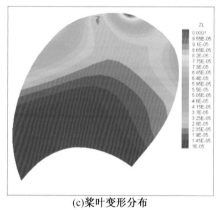

(c)桨叶变形分布

**图 9 - 15　叶梢中部受载下桨叶应力和变形分布**

## 2. 桨叶边缘区域强度校核结果

　　为完整地进行桨叶边缘区域的强度校核,将集中载荷施加到每个半径的导边与随边、叶梢中部,计算得到桨叶的最大应力值。IACS URI3 规范已对集中载荷作用在导边、随边及叶梢处的安全系数做了规定,在表 9 - 2 中已经给出,这里不再重复。由于本算例采用的是 PC3 级冰区桨,查表 9 - 2 可知导边安全系数不得低于 4.94,随边安全系数不得低于 2.52,叶梢安全系数不得低于 10.08。参考文献[2],取螺旋桨材料的极限拉伸强度为 590.0 MPa,弹限强度为 245.0 MPa,从而计算得到参考应力为 383.0 MPa。表 9 - 7 给出了不同半径处的桨叶边缘区域安全系数。由表 9 - 7 可知,所有半径处导边的安全系数均大于 4.94,所有半径处随边的安全系数均大于 2.52,叶梢安全系数也高于 10.08,因而该桨的桨叶边缘区域强度满足要求。

表 9 - 7　不同半径处桨叶边缘区域安全系数

| 加载半径 | 导边 | | 随边 | |
|---|---|---|---|---|
| | 最大等效应力/MPa | 安全系数 | 最大等效应力/MPa | 安全系数 |
| 0.4R | 24.64 | 15.54 | 75.94 | 5.04 |
| 0.5R | 27.4 | 13.98 | 79.76 | 4.80 |
| 0.6R | 31.84 | 12.03 | 98.55 | 3.89 |
| 0.7R | 36.71 | 10.43 | 112.21 | 3.41 |
| 0.8R | 48.75 | 7.86 | 115.05 | 3.33 |
| 0.9R | 52.72 | 7.26 | 121.22 | 3.16 |
| 叶梢中部 | 14.03 | 27.30 | – | – |

# 9.6　小　　结

本章开展了冰载荷作用下的冰区桨强度校核方法,简要介绍了 IACS URI3 冰级规范中有关冰区螺旋桨强度规范,包括了五种冰载工况下的螺旋桨强度校核方法和集中冰载荷作用下的桨叶边缘区域强度校核方法,建立了螺旋桨静强度的有限元计算方法。由于螺旋桨几何结构复杂,网格划分耗时且载荷施加困难,冰区桨强度校核工况比较多,采用现有有限元软件进行冰区桨强度校核将花费大量时间。而本书自主开发的冰区桨静强度预报方法,可实现网格自动划分和载荷自动施加,使用简单方便、用时短,有利于提高冰区桨强度评估和设计的效率。将 IACS URI3 五种冰载工况下载荷施加到螺旋桨结构单元表面,建立了冰载工况下的冰区桨强度计算方法,对计算方法进行网格无关性和收敛性分析,将计算结果与商用有限元软件计算结果对比分析,结果表明两者计算结果比较吻合,从而验证了该计算方法的有效性。以 PC3 级冰区桨为例,计算了桨叶在五种冰载工况下的应力和变形分布,并分析了不同冰级冰区桨的不同特点。将集中冰载荷施加到螺旋桨边缘区域(导边、随边及叶梢中部)的有限元结构单元表面,建立了集中冰载工况下的桨叶边缘区域强度校核方法,提出了要结合冰载荷的作用位置合理地进行网格划分,以 PC3 级冰区桨为例研究了不同加载位置下的桨叶应力和变形分布特点。

## 参考文献

［1］　VERITAS D N. Ice strengthening of propulsion machinery［J］. Classification Notes,2011,1 (51):40 –45.

［2］　LEE S K. Ice controllable pitch propeller – strength check based on IACS Polar Class Rule ［C］// ICETECH 2008,proceedings of the 8th international conference and exhibition on Performance of ships and structures in ice,July 20 – 23,2008,Banff,AB,,Canada: ICETECH 2008,c2008:151 –159.

# 第 10 章 展 望

本书在近场动力学理论基础上,引入粒子追踪的接触检测算法,建立适用于冰冲击问题的数值计算模型,阐述了冰冲击过程中冰破碎特点及冰载荷特点;针对螺旋桨几何结构特点,提出了冰桨接触识别算法,建立了冰桨接触数值模型,重点开展了冰桨铣削和碰撞两种工况下的冰块破碎特点及冰载荷特性研究;结合近场动力学方法和有限元结构动力学方法,建立了冰桨接触桨叶结构动力响应数值计算模型,分析了冰桨接触过程中桨叶冰载压力分布、应力分布及变形分布的动态特性;最后,结合有限元结构静力学方法,参考 IACS URI3 中冰级桨强度校核规范,建立了冰载荷工况下桨叶整体强度和集中冰载工况下桨叶边缘强度的校核方法。初步掌握了冰桨接触工况下冰块的破碎特点、冰载荷特性及桨叶结构动力响应特性。本书的数值方法是开展冰桨接触研究行之有效的一种方法,对开展冰区桨的设计和性能评估有着重要的意义。

各国学者对冰桨接触冰载荷的理论计算、数值计算和实验方法均有研究。但是,由于实际极地船舶航行过程中冰材料的特殊性,以及冰桨接触过程螺旋桨运行的复杂性,仍然有很多问题需要进一步开展,后续研究建议如下:

(1)所建立的冰桨接触计算模型忽略了水流的影响,虽用于分析冰桨接触冰载荷有一定合理性,但是与实际情况还是有区别的,无法模拟出海冰随水流的运动过程。在后续的研究中,将寻找适合于冰桨接触工况的流体仿真计算方法,从而建立冰 - 桨 - 流耦合的数值计算模型。

(2)将冰桨接触计算模型进行了简化,忽略了船体底部形状对冰块运动影响,冰块形状只选择了正方体和球体两种。而实际海况下海冰的形状有很大的随机性,受到船体和螺旋桨的干扰作用,运动过程也十分复杂。因而,有必要建立船桨一体计算模型,开展多种形状海冰与螺旋桨接触的研究,建立更加符合实际的计算方法。

(3)将冰块设置为高应变速率下的弹脆性材料模型,并未对冰块的本构模型进行深入的研究和探讨。由于海冰物理和力学特性较为复杂,后续应当加大海冰的物理和力学实验测量,总结规律,建立更加符合实际情况的海冰材料模型。

冰桨接触的研究只是冰区航行船发展的研究任务之一,服务于极地船舶行业的发展。笔者相信,随着"冰上丝绸之路"提上日程,极地适航期呈延长趋势,外加极区资源开发需抢占先机,极地将迎来各国的持续关注,冰区航行船将迎来发展契机。目前,国内冰区航行船自主研发的能力落后于环北极国家。为壮大国家冰区航行能力,提高极区的参与度,争取极区的国家权益,未来将会有越来越多的科研工作者投入到极地研究中,相信冰区航行船将获得更加细致、更加完备、更加真实可靠的研究成果,在后续科研工作者的努力下取得长足进步。